DaeCheong(Indeterminable Space)

Layer 1 | Layer 2 | Layer 3 | Layer 4 | Layer 5 | Layer 6 | Layer 7 | Layer 8

SEMI TRANSPARENCY | TRANSPARENCY + SEMI TRANSPARENCY | TRANSPARENCY | OPACITY WOOD | CONCRETE WOOD | CONCRETE SEMI TRANSPARENCY | TRANSPARENCY

WOOD

VISUAL PENETRATION

Void   Glass   Concret   Wood   Stone

01| Entrance
02| Living Room
03| Kitchen
04| Sub Kitchen
05| Bathroom
06| Utility Room
07| Deck

DaeCheong(Indeterminable Space)

| | Layer 2 | Layer 3 | Layer 4 | Layer 5 | Layer 6 | Layer 7 | Layer 8 |

VISUAL PENETRATION

- SEMI TRANSPARENCY / WOOD
- TRANSPARENCY + SEMI TRANSPARENCY
- TRANSPARENCY
- OPACITY / WOOD
- CONCRETE / WOOD
- CONCRETE / SEMI TRANSPARENCY
- TRANSPARENCY

Void   Glass   Concret   Wood   Stone

01| Entrance
02| Living Room
03| Kitchen
04| Sub Kitchen
05| Bathroom
06| Utility Room
07| Deck

집
더하기 삶

엮은이 박성진

박성진은 국민대학교와 한국예술종합학교, 스페인 국립 마드리드공과대학에서 줄곧 건축설계와 이론을 공부하며 이 시대의 삶과 집에 관한 사유를 키워왔다. 현재는 건축저널리스트로서 월간 〈공간SPACE〉의 편집팀장을 맡고 있으며, 그러다 보니 한 해 어림잡아 백여 개의 주택 작품들을 접하고 직접 볼 기회를 갖는다. 양옥, 한옥, 빌라 등 스타일과 유형을 막론하고 수천 만 원에서 수백 억 원까지 가지각색 주택들에 늘 기꺼이 들락날락하지만 정작 본인은 아직 꿈으로만 집을 소유한 몽상가에 지나지 않는다. 저서로는 《언젠가 한 번쯤, 스페인》, 《모던스케이프-일상 속 근대풍경을 걷다》, 공저로 《궁궐의 눈물, 백년의 침묵》이 있다.

한국의 건축가 13인이 말하는 사람을 닮은 집
집 더하기 삶

김인철 마성호 최시영 구승회 최동규 김원기 구승민
우경국 김승회 김억중 구만재 최홍종 민규암

초판 1쇄 인쇄 2013년 11월 22일
초판 1쇄 발행 2013년 11월 30일

지은이 김인철 外 12인
기획 홈스토리
엮은이 박성진
취재·정리 심미선
펴낸이 유정연

책임편집 김소영
기획편집 김세원 최창욱 장지연 **전자책** 이정 **디자인** 신묘정 이애리
마케팅 이유섭 최현준 **제작** 문정윤 **경영지원** 박승남, 김선영

펴낸곳 흐름출판 **출판등록** 제313-2003-199호(2003년 5월 28일)
주소 서울시 마포구 서교동 464-41번지 미진빌딩 3층(121-842)
전화 (02)325-4944 **팩스** (02)325-4945 **이메일** book@hbooks.co.kr
홈페이지 http://www.nwmedia.co.kr/ **블로그** blog.naver.com/nextwave7
출력·인쇄·제본 (주)현문 **용지** 월드페이퍼(주) **후가공** (주)이지앤비(특허 제10-1081185호)

ISBN 978-89-6596-094-2   03610

- 흐름출판은 독자 여러분의 투고를 기다리고 있습니다. 원고가 있으신 분은 book@hbooks.co.kr로 간단한 개요와 취지, 연락처 등을 보내주세요. 머뭇거리지 말고 문을 두드리세요.
- 파손된 책은 구입하신 서점에서 교환해 드리며 책값은 뒤표지에 있습니다.

이 도서의 국립중앙도서관 출판시도서목록(CIP)은 e-CIP홈페이지(http://www.nl.go.kr/ecip)와 국가자료공동목록시스템 (http://www.nl.go.kr/kolisnet)에서 이용하실 수 있습니다. (CIP제어번호 : CIP2013024187)

my 는 흐름출판의 생활·예술·에세이 브랜드입니다. Make Your Life, MY!

한국의 건축가 13인이 말하는
사람을 닮은 집

집
더하기 삶

김인철
마성호
최시영
구승회
최동규
김원기
구승민
우경국
김승회
김억중
구만재
최홍종
민규암

+

박성진 엮음

my

추천의 글
인간은 집을 만들고, 집은 삶을 만든다

요즘 집에 관한 책들이 넘쳐나고 있다. 매달 내 책상 왼쪽 귀퉁이를 짓누르며 탑처럼 쌓여 있는 신간도서를 살펴보면 집짓기 책 한두 권쯤은 꼭 빠지지 않고 끼어 있다. 대형서점에도 '집짓기' 매대가 노른자위에 따로 마련되어 삭막한 아파트에 지친 영혼들을 감미롭게 달래주고 있다.

그런데 솔직히 말해서 내 손에 썩 잡히는 책이 없다. 정보도 비교적 잘 정리되어 있고, 이미지와 편집도 나무랄 데 없는데 미끄러지듯 내 마음에서 빠져나간다. 정말 의아한 것은, 당장이라도 아파트를 때려 부술 기세로 한국의 획일적 주거문화를 비판하며 탈주를 선동하고 나선 책들이 하나같이 새로운 집의 철학에 대해선 언제나 물음표 아니면 말줄임표로 일관하고 있다는 점이다. 'ㅇ억 원에 현실적인 집짓기', '아파트 전세값으로 내 집 갖기', 'ㅇㅇ일 만에 뚝딱 집짓기', 'ㅇㅇ평 안에 집짓기'라는 식의 책들은 여전히 집을 말하면서 비용과 면적에 집착하고 있다. 그러니까 그들의 최대 관심사는 '얼마나 적은 돈으로, 최대한 넓은 평수를, 최단 시간 안에 지을 수 있는가'이다.

집을 이런 식으로 설계한다면 ○○평 ○억 원의 아파트와 다를 바가 무엇이던가. 집에 담아야 하는 고유한 삶과 그 가치를 말하는 것이 먼저이지 비용과 규모, 기술은 그 다음 문제이다. 건축가의 역할도 이런 지점에서 명확히 갈리기 마련이다. 집을 비용과 면적, 기술의 문제로만 푸는 동네 집장사와, 당신의 꿈과 이상을 공간의 철학으로 풀어낼 연금술사로 나눌 수 있다는 말이다.

이 책에 등장하는 13채의 집은 돈과 평수라는 정량적인 가치로는 가늠할 수 없는 개인의 특별한 삶을 담은 작품들이다. 그 집들은 도심과 교외, 산과 들 그리고 바닷가와 호숫가에 저마다의 꿈을 갖고 자리한다. 때론 안으로 속삭이고, 밖에서 자연과 조우하며, 이웃과 공유하는 삶을 영위토록 사람을 돕고 있다. 옷으로 비유하자면, 내 몸을 억지로 끼워 맞춰야 하는 기성복이 아니라 내 신체의 조건과 스타일을 살릴 수 있는 맞춤옷이다. 이것은 돈이 많다고 짓는 것도 아니고, 돈이 없다고 못 짓는 것도 아니다. 이런 집을 얻는다는 것은 돈이 아닌 가치관과 태도의 문제다.

우리는 건축주들이 13명의 건축가를 만나 꿈과 소망을 토로하고 집 짓기를 통해 이를 이뤄가는 과정을 살펴봄으로써 삶의 고유성을 닮아 있는 집이란 무엇인지 구체적으로 확인할 수 있을 것이다. 하지만 여기에 나온 13개의 작품도 바로 당신을 위한 정답은 아니다. 이 책은 모범답안을 제시하거나 강요하기보다 바로 당신이 당신만의 답안을 스스로 찾아갈 수 있도록 그 사유의 방법과 길을 안내해주고 있기 때문이다. 그리고 그 길을 찾고자 할 때 건축가의 역할이 어느 지점에서 왜 필요한지 깨닫게 한다.

이 책에 소개한 13채의 주택들이 미래의 혁신적인 주거유형을 제안한다고는 볼 수 없다. 오히려 우리가 잊고 있던 집의 근간을 거슬러 되묻는 작품으로서, 우리의 오래된 미래를 내다볼 수 있게 만든다. 시제와 장소 또 사는 사람과 만드는 사람에 따라 집의 구체성은 변했을지라도 인간에게 집의 가치는 크게 달라지지 않았다. 각기 다른 장소라는 환경과 현실적 조건 속에서 인간의 풍요로운 삶에 기여하는 서로 다른 13개의 예술적 스토리는 그래서 그들만이 아닌 우리 혹은 당신에게도 유용한 경험이 될 것이다.

나는 지금껏 내가 살아온 모든 집들을 내 머릿속에 그려 놓았다. 맞벽과 합벽으로 빈곤함을 함께 이겨내야 했던 유년기 달동네 집부터 신혼의 꿈으로 단장했던 여덟 칸 한옥, 그리고 거리로 난 창문 하나 없이 구불구불했던 스페인에서 살던 집까지……. 나는 사소한 옛 기억이 그리울 때면 가장 먼저 그 아득한 나의 집들로 나를 데려가고 본다. 사람의 기억이란 단순히 과거의 시간에만 존재하는 것이 아니라 특정한 공간 속에서 오롯해지는 것이다. 내가 얼마나 풍요로운 삶을 살았는가, 혹은 살고 있는가 그러니 그 집들이 증명해줄 것이다.

인간은 집을 만들고, 집은 삶을 만든다.

— 박성진, 월간 〈공간〉 편집팀장

프롤로그
누구나 꿈꾸는 집이 있다

《집 더하기 삶》은 〈하우징 스토리〉라는 방송 프로그램에서 다뤘던 건축가와 건축물을 재구성한 책이다. 나는 짧은 방송시간의 제한으로 〈하우징 스토리〉를 통해 다 전하지 못한 건축 이야기와 집에 관한 이야기를 조금 더 구체적으로 풀어내면서 진정한 집의 의미를 보여주고 싶었다.

〈하우징 스토리〉에서는 '건축가들에게 좋은 건축이란?'이라는 공식 질문을 건축가들에게 던졌다. 이에 대한 대답은 13명 건축가의 다른 입을 통해 다른 단어로 표현되었지만 결국 자연, 가족, 관계, 소통, 여유, 꿈, 행복, 일상…… 이었다. 이러한 단어들을 하나로 표현한다면 '삶'이 되지 않을까 싶다.

요즘처럼 부동산 대란이라고 불리는 시기에 집 이야기를 다룬다면 누군가는 사치라고 생각할지도 모른다. 그러나 누구나 꿈꾸는 집이 있다. 그리고 어떤 이는 그러한 공간에 이미 살고 있을 수도 있고, 어떤 이는 평생 꿈만 꿀 수도 있을 것이다.

바다가 훤히 보이는 집, 혹은 호숫가 옆에 펼쳐져 있는 집, 능선과 어우러진 집, 공장을 개조한 집, 비탈진 언덕길을 따라 세운 집, 옛 집터의 흔적을 간직한 집, 쪽빛 바다를 품은 집……. 직접 가보기 힘든 곳일지라도, 어쩌면 평생 살아볼 수 없는 그런 곳일지라도, 나는 이 책을 통해 가고 싶은 집, 짓고 싶은 집을 상상하며 독자에게도 이런 다양한 경험을 전달하고 싶었다.

혹자는 '돈이 있으니 저렇게 좋은 집을 짓고 살겠지……'라며 좋은 의도로 기획하고 건축한 집을 눈을 흘기며 볼 수도 있지만, 그런 불평 속에서도 앞으로 꿈꿀 수 있는 공간, 자신과 가족을 위한 공간을 만들 수 있는 계기를 선물할 수 있다면 좋으리라 생각한다.

또한 이 책을 읽은 독자들이 다양한 집들을 보고 집에 대해서 다시 생각해보고, 자신이 원하는 집을 꿈꿀 수 있는 시간이 되길 바란다. 마지막으로 방송을 제작하며 고생했던 제작진과 좋은 집을 소개하기 위해 항상 달려왔던 MC 홍석천 씨에게 감사의 인사를 전한다. 그리고 이렇게 좋은 책을 낼 수 있게 해준 흐름출판에도 감사를 전한다.

— 이소림, 홈스토리 PD

차례

추천의 글 인간은 집을 만들고, 집은 삶을 만든다 • 4
프롤로그 누구나 꿈꾸는 집이 있다 • 8

PART 1 ✚ 집 더하기 자연
푸른 달빛이 흐르는 집

건축가 김인철×호수로 가는 집
은빛 호수 위로 점 하나를 찍다 • 18

집짓기, 생각만으로도 기분 좋은 상상 / 절경 앞에선 계산기도 무용지물 / 심심한 콘크리트 상자 속 심오한 호수의 풍경 / 열고, 닫고, 가리고, 흘리고, 가두고…… 흐름을 만들다 / 점 하나에 담긴 집의 논리
ARCHITECT NOTE 노출콘크리트 마감 제대로 알고 선택하자

건축가 마성호×평창제색도
북한산에서 굴러 온 바위 • 40

평창제색도, 이름 속에 감춰진 탄생의 비밀 / 북한산 꼭대기에 집터가 있으니…… / 산등성이에 떨어진 별똥별 하나 / 난 삐딱한 것이 좋더라 / 게으름 속에 마주하는 진귀한 경치들 / 인왕제색도 부럽지 않은 평창제색도
ARCHITECT NOTE 급경사 대지의 최적화 방법, 스킵플로어 활용법

건축가 최시영×유미재
자연과 예술, 사람을 사랑하는 마음이 한데 모인 곳 • 60

침실에 스며든 예술, 갤러리하우스 / 있는 듯 없는 듯, 자연과 어울리는 숨바꼭질 / 절벽에 버티고 서서 호수를 바라보다 / 호수에 비친 달빛 소나타 / 개인의 집에서 만인의 갤러리로, 청평의 명소로 거듭나다
ARCHITECT NOTE 아슬아슬한 급경사에 안착하기 위한 완벽한 옹벽공사의 노하우

건축가 구승회×동해주택
동해의 해돋이를 우리집 거실에서 만나다 • 82

점멸하는 등대의 불빛을 바라보는 주말 밤 / 바다를 만나는 색다른 방법 / 일주일에 한 번씩 들르는 갤러리 / 바다로, 공중부양! / 꿈을 짓는 집
ARCHITECT NOTE 바닷가에 짓는 집, 이것만은 따져보자!

PART 2 ➕ 집 더하기 이웃
더불어 함께 살아가는 집

건축가 최동규×차경제
세상의 모든 경치를 탐하다 • 104
천 개의 풍경을 훔치다 / 산 위를 떠 가는 한 척의 나룻배 / 각각 그리고 함께 살기 / 나를 위한 주문형 맞춤 공간 / 차면 시설의 변주, 시선은 막고 경치는 흘리다 / 난제를 해결한 설계, 그리고 배려하는 건축
ARCHITECT NOTE 이웃과의 다툼 없이 창을 내는 마법의 차면기법

건축가 김원기×지렁이집
원당리 지렁이들의 희희낙락 러브스캔들 • 124
지렁이들의 19금 러브스토리? / 집 곳곳에서 지렁이의 생동감을 느끼다 / 땅 속의 아늑함을 지상으로 꺼내다 / 공간은 하나, 용도는 천차만별 / 가족과 이웃, 함께 즐기다 / 푸른 숲 마을 이야기가 피어나는 집
ARCHITECT NOTE 자연이 아낌없이 주는 에너지를 현명하게 활용하는 방법

건축가 구승민×초향루
단아한 풀 향기로 단단한 집을 엮다 • 144
건축가, 땅의 향기와 흙의 감성을 읽다 / 평범한 주택을 특별하게 만든 허리띠 / 최소한의 구조, 최대한의 풍경 / 쪽창 예찬 / 찻잔에 녹아든 초연한 생활의 향기 / 과감한 선의 건축
ARCHITECT NOTE 멋들어진 정원 조경을 위한 조경수 추천

PART 3 ✚ 집 더하기 작업
일이 왠지 즐거워지는 집

건축가 우경국 × 시경당
예술마을, 예술가족의 예술 같은 생활 • 166

문화와 예술이 꽃피는 마을, 헤이리 / 동상이몽, 하나의 집에 각양각색의 사람과 기능을 담다 / 전통의 현대적 해석 / 시간은 풍경에 담기고, 풍경은 집을 타고 흐른다 / 유용한 불편함

ARCHITECT NOTE 집 더하기 무엇

건축가 김승회 × 여주주택
집, 내 마음의 우주를 담다 • 184

별장, 결코 소박하지 않은 도시민의 로망 / 반전에 반전을 거듭하는 첫인상 / 보이지 않는 경계로 나누고 엮은 열한 개의 공간 / 부드럽게, 은은하게, 소담하게 / 내 삶에 맞는 집을 찾아서

ARCHITECT NOTE 현대 주택 속의 전통건축 인테리어

건축가 김억중 × 무호재
애물단지 단무지 공장이 보물단지로 변신하다 • 202

단무지 공장에서 삶과 예술을 논하다 / 꿩 먹고 알 먹고, 도랑 치고 가재 잡는 기적의 리모델링 / 소탈한 얼굴 뒤로 바쁘게 돌아가는 생각 공장 / 버려진 것들에 새로운 생명을 / 있는 그대로의 아름다움

ARCHITECT NOTE 새로 지을 것인가? 고쳐 지을 것인가? 리모델링의 체크리스트

PART 4 ✚ **집 더하기 쉼**
게으름이 살아 숨쉬는 집

건축가 구만재 × 메종 404
해외 유명 관광지 못지않은 우리 가족만의 핫 플레이스 • 224

얘들아! 우리 집으로 여행 갈까? / 건축가와 건축주가 함께 지은 집 / 심심한 벽을 채우는 알록달록 무지개 색 / 오르락 내리락 걸음마다 느껴지는 집의 풍경 / 자연의 수만 가지 표정을 느끼는 방법 / 차곡차곡 쌓여갈 가족의 추억

ARCHITECT NOTE 주방의 배치, 이것만은 꼼꼼하게 살펴보자!

건축가 최홍종 × 송정헌
200년 종가의 전통을 멋들어지게 계승하다 • 244

소나무의 향기를 담은 정원 / 벽진 이씨 충숙공계 승지공파, 다시 뿌리내리다 / 한 집안의 역사를 잇다 / 40명의 가족이 북적이는 큰 집 / 문화는 유전된다

ARCHITECT NOTE 농가와 현대주택의 결합

건축가 민규암 × 생각 속의 집
생각 밖 현실로 뛰쳐나온 '생각 속의 집' • 262

펜션, 생각의 틀을 깨다 / 집 짓는 사람들의 집 짓는 방법 / 콘크리트의 화려한 귀환, 민규암식 콘크리트블록 / 비탈을 만들어준 집의 경계 / 독특한 건축설계가 가능하게 한 제2의 인생

ARCHITECT NOTE 저렴한 재료로 최대의 효과를!

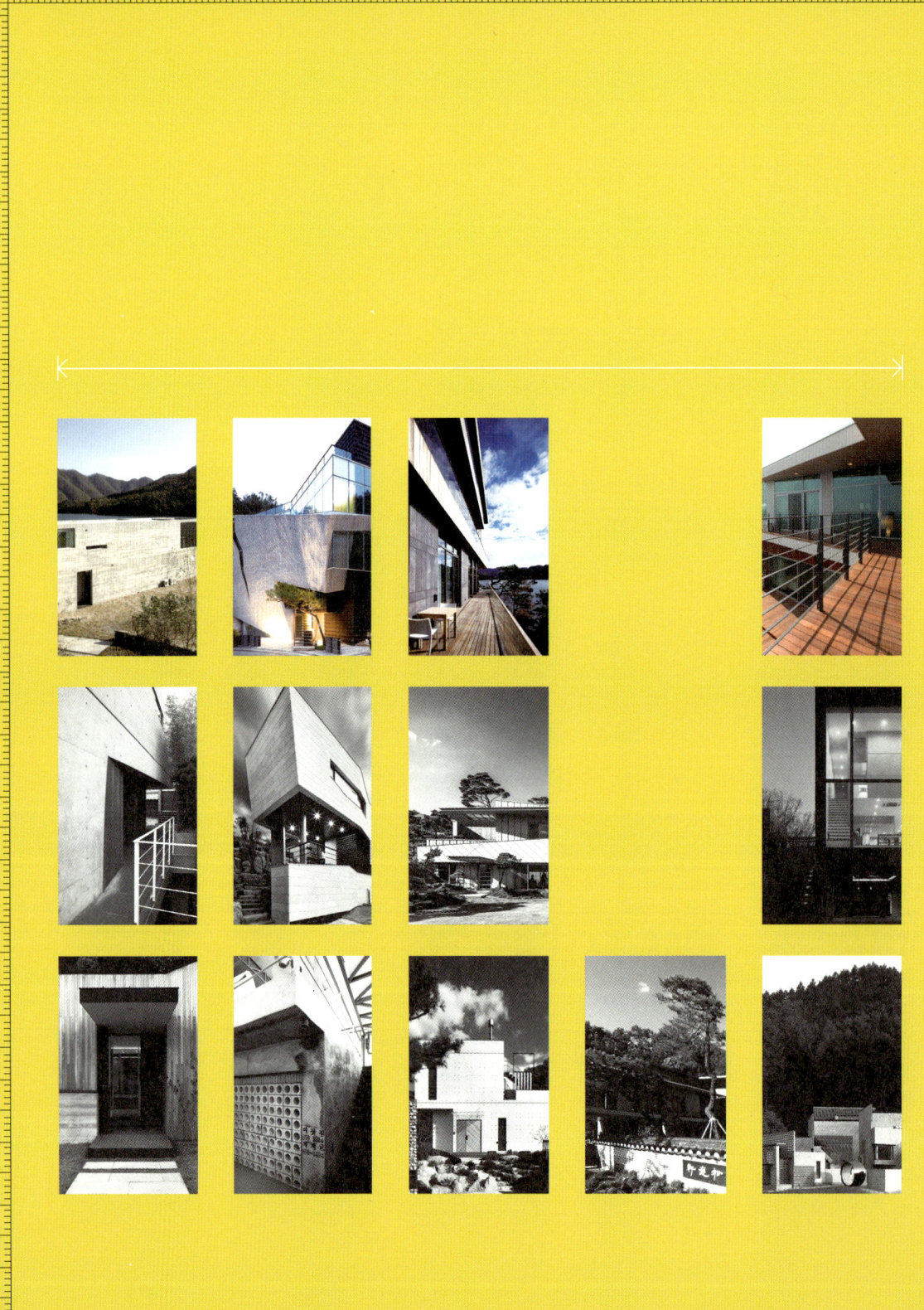

PART 1
집 더하기 자연
푸른 달빛이 흐르는 집

＋

NATURE

家 + 生活

NATURE
NEIGHBOR
WORK
RELAXATION

김인철

×

호수로 가는 집
LACUSTRINE

건축가 김인철은 경남 진해에서 태어나 홍익대학교에서 건축을 전공했다. 중앙대학교 교수를 역임하고 현재 아르키움의 대표건축가로 작품활동과 대학 강의를 병행하고 있으며 건축포럼 의장으로 있다. 건축은 자연의 부분으로 존재할 때 비로소 빛이 난다고 생각하며, 전등에 바탕을 둔 공간 해석인 '없음의 미학'을 화두로 작업하고 있다.

주요 작품으로는 어반하이브, 김옥길 기념관, 바람을 품은 돌집, 웅진파주사옥 등이 있으며 건축가협회상, 서울시 건축상, 건축문화대상, 김수근 건축상 등을 수상했다. 저서로는 《김인철 건축작품집》,《솔스티스》,《김옥길 기념관》,《대화》,《공간열기》가 있다.

HOUSE DATA

호수로 가는 집

LOCATION	강원도 춘천시 사북면 가일리 192-3
PROGRAM	주택
SITE AREA	347㎡
BUILDING AREA	124㎡
DESIGN PERIOD	2007. 10 ~ 2007. 12
CONSTRUCTION PERIOD	2008. 03 ~ 2008. 10
EXTERIOR FINISHING	노출콘크리트
INTERIOR FINISHING	석고보드 위 도료

photo ⓒ 박영채

은빛 호수 위로
점 하나를 찍다

선생님이 생각하는 좋은 설계의 기준은 무엇인가요?

저에게 설계를 의뢰하는 많은 분들이 처음 만났을 때 대부분 '예쁜 집 지어주세요'라고 말을 꺼냅니다. 그러면 저는 '그건 당연하고, 거기에 멋을 더해야죠'라고 답합니다. 제가 말하는 '멋'이란 어디 멀리서 찾을 수 있는 특별한 것이 아니라 바로 그 집에 살 사람들의 일상에서 우러나오는 그들의 삶입니다. 공간 속에서 살아가는 사람들의 삶을 잘 담아내는 건축이 바로 좋은 설계 아닐까요?

산 넘고 물 건너 굽이굽이 가파른 길을 지나 닿은 호수로 가는 집

家
+
生
活

집짓기, 생각만으로도 기분 좋은 상상

■──── 단독주택이라 하더라도 모두 똑같지는 않을 텐데, 이 집에는 특히 어떤 생각이 반영되었나요?

■──── 로맨스 영화의 엔딩에서나 볼 수 있는 수려한 자연 속에 집을 짓는 만큼, 웅크리고 있기보다 기지개를 쭉 펴듯이 펼쳐놓자는 생각이 강했습니다. 그리고 사이사이를 뚫어 자연과 접촉하는 면을 최대한 늘리고자 했죠. 각박한 도시에서 살다 보면 아무래도 좁은 공간 속에서 여러 위해요소를 피해 움츠러들기 마련이니까요. 은퇴 후 제2의 인생을 자연과 더불어 시작한다면 좀 더 열린 환경 속에서 개방적 삶을 꾸려 갈 수 있지 않을까요?

마침내 당신은 그토록 간절히 갈망해온 자신만의 집을 짓기로 결심한다. 못을 하나 박더라도 옆집의 눈치를 살펴야 했던 아파트의 강박적 삶이 아니라 유유자적하며 주체적인 삶을 펼칠 수 있는 단독주택. 이제 옆집 남자의 코 고는 소리와도 안녕이고, 아랫집 여자의 과민성 층간소음발작증에서도 자유로워질 것이다. 효율과 편의의 집약체인 아파트보다는 손수 가꾸는 텃밭과 아이들이 마음껏 뛰놀 수 있는 마당에 끌린 당신은 단독주택에 살면서 생길 소소한 불편쯤이야 기꺼이 감수하기로 한다. 그렇다면 상상 속 당신의 집은 어디에서 어떤 모습으로 당신을 기다리고 있을까. 작고 수수하더라도 접근성과 교통편이 좋은 현대판 기찻길 옆 오막살이? 아니면 반짝이는 금모래 빛 뜰과 뒷문 밖 갈잎의 노래가 흐르는 강변의 집? 그것도 아니라면 울도 담도 쌓지 않은 저 푸른 언덕 위의 그림 같은 집? 그 무엇이 됐든 각자

인간과 자연을 연결하다

22

불빛과 달빛 아래 놓여진 집 한 채

마음속에 품고 있는 이상적인 주택은 이렇게 한 편의 시와 노래를 닮아 있다.

인생의 제2막을 극적으로 열고자 하는 사람일수록 자신의 진정한 가치관과 부합하는 이상적인 환경과 집을 찾는 일에 무엇보다 중점을 둘 것이다. 평균수명 100세 시대를 맞이한 21세기에는 환갑을 기점으로 인생 2모작이 시작된다. 치열한 조직 생활을 하며 아이들을 키워 결혼시키는 것으로 1모작을 끝낸 사람들은, 현업에서 물러나고 난 뒤 다시 한 번 호젓한 삶을 새롭게 시작하는 것이다. 호수로 가는 집의 주인공 이규익·김을식 부부도 마찬가지였다. 이 부부는 사업가로 승승장구하던 나날을 뒤로하고 전원생활로 과감히 돌아갔다. 춘천시 사북면 가일리, 그야말로 산 넘고 물 건너 굽이굽이 가파른 길을 지나야만 닿을 수 있는 작은 마을. 그들은 광란하는 도시의 불빛마저 굽어 들어오기를 포기한 순수의 자연으로 돌아갔다.

절경 앞에선 계산기도 무용지물

▬▬▬ 춘천에서도 한 시간을 더 달려오면서 저는 이 산골짜기에 도대체 어떤 집이 있을까 의심을 했습니다.

▬▬▬ 저도 처음엔 땅의 위치가 구석진 산골이라는 말을 듣고 설계를 맡기 어렵겠다고 판단했었죠. 그래서 정중히 거절할 목적으로 직원을 건축주에 딸려 현장에 보냈는데, 그 직원이 돌아와선 숨넘어가는 목소리로 '교수님, 이 프로젝트 꼭 해야 합니다. 이탈리아의 코모(Como, 이탈리아 북부, 롬바르디아 지방 코모 호반의 도시) 같은 곳이 한국에도 있습니다!'라고 흥분해 말하더군요.

마을이라고 부르기에도 민망한, 열댓 가구가 띄엄띄엄 떨어져 사는 첩첩산중의 시골 가일리. 부부는 은퇴 후 일찌감치 강변마을 언덕 위에 터를 잡았다. 그렇게 전원에서 생활한 지 20년 즈음 흘렀을까. 그새 장성한 아들이 부모를 위해 새로운 보금자리를 마련하겠다며 어렵사리 건축가 김인철을 찾았다. 건축주는 부모가 살던 언덕배기 아래 호숫가 습지를 매립하고, 그곳에 30평 남짓한 집을 지어 부모를 모시고 본인은 주말마다 쉬어가려 한다는 뜻을 전했다.
"김인철 교수님, 땅이 춘천에 있는데 괜찮겠습니까?"
"뭐 춘천이라고 해봤자 서울에서 한두 시간이면 가는데요. 상관없습니다."
"아니, 그 춘천에서도 한 시간은 족히 더 들어가야 하는데……."
"……!"

건축가는 땅이 너무 외진데다가 집의 규모가 작다는 점 때문에 선뜻 설계를 맡겠다고 말하지 못하고 한참을 머뭇거렸다. 설계비는 한정되어 있는데 현장을 이래저래 오가면 자칫 배보다 배꼽이 더 커질 판이었기 때문이다. 건축주 역시 이 점이 겸연쩍어 최대한 조심스럽게 접근하는 듯했다. 김인철은 고민을 거듭하다가 먼저 답사를 다녀온 직원의 부추김과 호들갑에 직접 가일리를 방문했다. 춘천댐을 건너 송암리를 지나 가일리로 닿는 길은 너무하다 싶을 정도로 가파르고 구불구불했다. 호수로 가기는커녕 이러다가 산으로 갈 판이었다. 그렇게 계곡을 넘어 부지에 도착하니 세상에, 늘 극적 반전이란 이렇게 우연 속에 전개되는 것. 눈앞에 유럽인들이 사랑하는 휴양지 이탈리아의 코모라고 해도 믿을 만한 풍경이 펼쳐졌다. 푸른 하늘 아래 우열을 가리기 힘든 아름다운 산과 호수를 목도하고 건축가는 잠시 넋을 잃고 섰다.

자신도 모르게 휘둥그레진 두 눈을 다시 고쳐 뜨고 사무실의 운영을 생

집의 경계를 만드는 돌로 쌓은 야트막한 담

별다른 기교 없이 노출콘크리트로 다져진 집

각하며 이리저리 계산기를 두드려봤지만 이미 절경을 맛본 건축가의 마음과 흥분은 쉽사리 가라앉지 않았다. 김인철은 결국 일을 맡기로 한다. 허나 사람이 만든 그 무엇도 때 묻지 않은 자연 앞에서는 압도되기 마련이다. 그래서 그는 직육면체 콘크리트 상자를 덩그러니 놓고 '인간과 자연을 연결하는 하나의 장치로서의 건축'을 시도한다. 현대적이지만 최대한 단순하게, 화려한 장식을 거세하고 아름다운 풍경으로 집을 채워가도록 긴 상자를 하나 마련한다.

심심한 콘크리트 상자 속 심오한 호수의 풍경

■——— 집 안으로 들어오니 굉장히 단순하고 현대적이네요. 특히 이 욕실에 들어가 있으면 창밖 풍경이 손에 잡힐 것만 같아요. 선생님, 제가 오늘은 염치불구하고 꼭 이 욕조에 몸을 담궈 봐야겠어요.

■——— 이 집에는 화려한 장식을 최대한 배제하고 시선을 밖으로 향해 두었습니다. 그러니 욕실에서는 호수로 다이빙을 하고 싶은 기분이 드는 거죠. 그래서 이 집의 이름이 '호수로 가는 집'이에요.

호수로 가는 집을 둘러싼 화악산, 두류산, 용화산의 산자락이 물안개 너머로 아스라이 비친다. 너그럽고 아늑하지만 산으로서의 위용을 잃지 않은 모습. 푸른 먹색을 겹겹이 두른 산맥 앞에는 짙고 깊은 강이 흐른다. 강변에 홀로 선 호수로 가는 집은 그야말로 하나의 점에 불과하다. 눈에 잘 띄지 않는 점. 콘크리트의 회색은 화선지에 스며드는 산수화의 농묵처럼 자연 속에 자연스레 스민다. 집의 경계라고는 돌을 쌓은 야트막한 담뿐이다. 도로와 최소한의 구분선만 둔 셈이다.

만일 풍경이 아닌 이웃집이 바로 곁에 있었다면 그 모양새는 당연히 많이 달라졌을 것이다. 집들이 조밀하게 운집한 도심에서의 집짓기는 담쌓기로 시작해 차면 시설로 끝나는 이웃과의 치열한 싸움일 때가 많다. 조망권과 일조권 운운하며 민원을 넣거나 생떼를 부리기도 일쑤. 그런 말썽으로부터 해방된 호수로 가는 집은 모든 것을 내려놓은 편안한 모습이다.

다양한 풍경을 즐길 수 있는 여러 가지 크기의 창

한편 큰소리로 헛기침을 하며 '나 여기 있소'라고 소리쳐 말하지 않는 육면체는 다소 밋밋하기도 하다. 별다른 기교 없이 노출콘크리트로 다져진 건축에 가일리 사람들이 처음에는 창고 같다며 어색해하고 낯설어했다는 후문도 들린다. 하지만 가까이 들여다보면 거친 나뭇결이 새겨진 표면에서 섬세한 손길을 느낄 수 있다. 게다가 갖가지 크기로 뚫린 창은 집의 표정을 만들고 여기저기 풍경을 담기에 여념이 없다.

열고, 닫고, 가리고, 흘리고, 가두고…… 흐름을 만들다

———— 전체적인 집의 형태는 단순하지만 창문 모양이 변화무쌍한데요?

———— 이 집에는 규격화된 창문이 단 하나도 없습니다. 갖가지 모양의 창문들이 직육면체를 종횡으로 가로지르며 공간을 열어놓고 있는 것이죠. 창문은 모양을 만들기 위한 것이 아니라 이 집의 눈이라고 생각하면 됩니다.

가일리 노인회장인 바깥주인과, 사람들과 어울리기 좋아하는 활달한 성격의 안주인. 부부는 곳곳에 난 창으로 스치는 이웃들과 인사하며 오가는 사람들을 정겹게 맞이한다. 창과 문의 구분 없이 풍경과 바람, 사람이 오가는 한옥의 '창문'처럼 호수로 가는 집의 창문은 동네 주민들과 교류하는 창구가 된다.

건축가는 이런 창이 이 집의 눈이라 말한다. 소파가 없는 거실에는 좌식 생활의 눈높이에 맞춰진 길다랗고 나지막한 파노라마창이 풍경을

호수에 몸을 담그고 있는 기분이 들게 하는 욕실

30

家 + 生活

넉넉하게 받아들인다. 식탁에 앉으면 족자처럼 폭이 좁고 높은 창 너머로 마당과 호수와 산을 바라보며 커피 한 잔의 여유를 즐길 수 있다. 하루의 피로를 씻어내는 욕실은 호수를 마주한 면 전체를 통창으로 열어 욕조에 몸을 담그고 풍경을 마음껏 즐기도록 해놓았다. 이곳에 몸을 담그고 창밖을 바라보고 있노라면 호수에 몸을 담그고 있는 기분마저 불러일으킨다.

이런 창들의 유희가 바깥에서 펼쳐지고 있다면, 내부 공간은 복도를 중심으로 구성되어 있다. 복도를 가운데 두고 1층 양쪽으로는 거실과 부엌이, 2층 양쪽으로는 침실 두 곳이 배치된 심플한 구조다. 이렇게 방과 방, 거실과 부엌을 연결하는 복도를 오가는 동안에도 1, 2층은 서로 다른 풍경을 보여준다. 거실과 부엌을 연결하는 1층 복도는 훤하게 연 반면 침실을 서로 연결하는 2층 복도는 경치를 가리는 의외성을 보인다. 이는 안방의 천창으로 쏟아져 들어오는 풍광을 극대화하기 위한 공간적 구성법이라고 건축가는 설명한다. 창과 벽은 비우고 메우면서 경치를 가리고 닫기를 반복한다. 집의 형태는 단순해도 공간이 열리고 닫히며, 가려지고 가둬지면서도 계속 호수의 잔잔한 물처럼 막힘없이 흘러간다.

일반적으로 전원주택의 해법이라면 자연이 한눈에 들어오도록 시원한 통창을 주로 선택하기 마련이지만 건축가 김인철은 한옥의 들장지와 쪽문, 광창으로부터 모티브를 얻어 이런 공간적, 풍경적 흐름을 만

자연의 절경을 그대로 맛볼 수 있는 '호수로 가는 집'

들어낸 것이다. 들장지를 열어 위로 접어 올리듯이 호수로 가는 집 부엌은 벽을 따내어 아래로 꺾어 내렸다. 뚫린 구멍은 창이 되고 꺾은 벽은 식탁이 된다. 통창이 아닌 쪽문과 광창으로 10여 곳을 파낸 벽은 자연을 담는 액자가 된다. 단순한 집이지만 장면의 연출로 이야기를 만들어 시선을 밖으로 돌린다. 그럼으로써 눈길이 닿는 호수와 산까지 집을 확장한다.

점 하나에 담긴 집의 논리

▬▬▬ 점 하나에 불과하다고 하셨는데, 말이야 쉬워 보이지만 사실 그 점 하나를 찍기 위해 생각을 수백 번 거듭해 고쳐가며 문제 해결을 모색했을 것 같습니다.

▬▬▬ 제가 말하는 '점'은 우리 전통건축에서의 정자 개념과도 비슷합니다. '단지 자연 속에 내가 머무를 수 있는 곳을 만든다'는 선조들의 생각을 제 방식대로 표현한 것이죠.

바둑이라는 놀이는 한정된 좌표 위에서 하나의 점들을 찍어 나가는 것이다. 그러니 그 경우의 수가 고만고만할 것처럼 보이지만, 사실은 무한한 공간 속에서 게임이 펼쳐지는 것과도 같다. 점 하나를 찍기 위해 그들은 한 수, 두 수, 세 수 다가올 상황과 변수를 예측하고 주변의 둘러싸인 형세를 파악해 어렵게 점 하나를 찍는다. 그러니 그 점에는 수십 수백 가지의 고민과 상황이 내포되어 있고, 여러 쟁점과 의도가 있는 것이 당연하다. 건축가 김인철은 '그냥 점 하나를 찍었을 뿐'이라며 자신의 한 수를 설명했지만 건축주의 기능적 요구와 자연에 대한 열망 그리고 이를 통해 이룰 수 있는 고양된 삶의 가치가 모두 그 점 하나에 녹아든 것이다.

과거의 전통건축에서 정자가 땅을 점하며 주변과 관계를 맺는 방식 또한 이러했다. 실제로 건축가 역시 전통건축에서의 정자를 언급하며 호수로 가는 집에 비유해 설명하였다. 그가 강조하는 것은 전통의 형식과 의미보다 본질과 감성을 중요하게 생각해야 한다는 것이다. 그는 이런 생각을 바탕으로 전통건축을 그대로 옮겨 오는 것이 아니라 현대적 건축 어휘로 해석해내는 데 탁월한 감각을 발휘한다. 호수로 가는 집에서도 많은 부분 고민의 흔적이 보인다. 자연 안에서 요란하게 멋 부리지 않고 고요히 머무를 수 있도록 힘을 빼고 점 하나만 찍은 것이 바로 호수로 가는 집이다.

'자연 앞에 놓이는 한 채의 집이 어떠한 모습이어야 하는가?'라는 질문으로부터 시작한 호수로 가는 집. 현란한 수식으로 치장한 외모가 멋진 집이 아니라, 그 안에서 생활하는 사람의 삶과 자연을 담는 본질에 충실한 집이 멋진 집이라는 소박한 답을 내놓았다.

건축가 김인철이 그린 스케치

ARCHITECT NOTE

노출콘크리트 마감
제대로 알고
선택하자

콘크리트는 보통 집을 세우는 구조로 건물 내부에 흔히 사용되는 재료인데, 이를 벽돌이나 목재와 같은 것으로 따로 마감을 하지 않고 그대로 드러낸 것을 노출콘크리트라고 한다. 그러니 언뜻 보면 짓다 만 것처럼 보일 수도 있다. 따져 보면 시멘트와 자갈을 물로 혼합한 콘크리트에 철근을 넣어 보강한 방법은 현대건축을 일으킨 혁신적인 기술에 해당한다. 벽돌을 쌓거나 목재로 틀을 짜서 집을 짓던 방식이 철근콘크리트를 사용하게 되면서 공간의 구성이 자유로워졌고 고층건물을 세울 수도 있게 되었다.

철근콘크리트가 현대건축의 보편적인 시공 방식으로 전 세계에 퍼지자 한편으로는 현대문명의 삭막함을 의미하는 대명사가 되기도 했다. 이는 콘크리트를 재료로 특징 없는 상자 모양의 건축물 혹은 거대한 구조물이 삽시간에 양산되었기 때문이다. 그래서 콘크리트를 노출한 작업은 가끔 몰인간적이라거나 자연과 어울리지 않고 비문화적이며 회색의 도시를 만드는 환경파괴의 주범으로 몰리곤 한다.
이런 모함을 받으면 나는 우리 도시 어디에 그토록 회색이 채워져 있는지 되묻는다. 내가 본 현대의 건축과 도시는 형형색색으로 치장되어 있기 때문이다. 그러나 그런 색색의 건물들은 자신의 존재만을 화려하게 과장하고 있을 뿐 어디에도 인간과 자연과 문화를 존중하는 자세는 없다. 재산가치를 높이고 편리함만 추구하거나 멋을 화려함으로 오해한 결과만 가득하다. 건축은 사람이 살고 이용하는 공간을 만드는 일이다. 또 건축은 땅에 만들어져서 자연과 인간이 관계를 맺도록 장소를 만드는 일이다. 건축의 목적과 결과가 그러하니 모양내는 일은 군더더기에 지나지 않는다.

콘크리트를 그대로 노출하는 것은 그 군더더기를 털어버리고 공간의 본질에 충실하려는 것이다. 장식을 덧붙이지 않고 멋을 낼 수 있으려면 사용하는 재료마다 그 특성을 살펴 살려야 한다. 콘크리트는 그중에서 가장 솔직한 재료다. 콘크리트는 형틀을 짜고 부어 굳히기만 하면 원하는 모양이 된다. 또 콘크리트는 굳는 동안 매끈하거나 거친 형틀의 모양을 고스란히 새긴다. 형틀에 원하는 모양이나 찍어내고자 하는 질감의 재료를 끼우면 판박이처럼 복사된다. '강남 어반하이브'의 구멍과 춘천 '호수로 가는 집'의 나무결은 도시와 자연이라는 서로 다른 환경 속에서 노출콘크리트로 연출할 수 있는 서로 다른 표현이다. 참고로 표면에 규칙적으로 나타나는 동전 크기의 홈은 형틀을 고정하는 볼트의 흔적이다.

노출콘크리트에 돈이 많이 드는 이유는 재료가 비싸서가 아니라 형틀을 만드는 일에 많은 공을 들여야 하기 때문이다. 콘크리트는 한번 굳으면 되돌릴 수 없으므로 정확한 치수로 제작해야 하고 또 재료가 제대로 굳으려면 한 방울의 물도 새지 않도록 단단히 살펴야 한다. 다른 재료를 덧대서 마감할 것을 전제로 어느 정도 오차를 허용하는 일반적인 공사와는 작업의 강도가 다르다. 그래서 기존 방식에 익숙한 시공자들은 노출콘크리트를 반기지 않거나 공사비를 높이 책정한다.
외부뿐만 아니라 내부와 천장까지 콘크리트를 노출하는 경우에는 냉난방 설비와 전기

시설, 통신시설까지 모두 콘크리트 속에 묻어야 하므로 설계 단계에서 문틀이나 가구, 조명의 위치 등 모든 설치물의 위치를 확정해야 한다. 집을 지어가며 현장에서 그때그때 결정하는 방법으로는 제대로 된 결과물을 만들 수 없다. 대충 설계해서 대충 지으면 되는 일이 아니다. 그럼에도 내가 이 방법을 고집하는 까닭은 그 결과가 매우 솔직하고 순수하기 때문이다.

화장하지 않은 맨살의 얼굴은 필요에 따라 얼마든지 표정을 가꿀 수 있다. 그러나 파마를 하거나 문신을 새기듯 하나의 모양과 색으로 고정시키면 당장은 만족스러울지 모르나 다양한 변화는 얻지 못한다. 형태와 공간의 변화는 날씨와 시간과 그 안에서의 일상이 만든다. 크게 비우면 많이 채울 수 있다. 처음부터 채우기에 열중하면 나중에는 그것에 매이는 일만 남는다.

어떤 이는 콘크리트가 더러워지는 것을 걱정한다. 그러나 나이를 먹으면 주름이 지고 낡아 보이는 것은 세상의 이치다. 더불어 자연의 섭리다. 표면의 오염을 방지하는 코팅재를 사용하면 해결되긴 하지만 굳이 거스를 것이 아니라 근사하게 나이 들고 있다고 생각하는 것이 방법이다.

NATURE
NEIGHBOR
WORK
RELAXATION

마성호

평창제색도
平倉霽色圖

건축가 마성호

건축가 마성호는 성균관대학교 건축과와 동 대학원을 졸업하고, 현재 (주)엠파종합건축사사무소 대표다. 영화사 명필림 사외이사를 거쳤고, 성균관대학교 건축학과 겸임교수를 맡고 있다. 그는 건축주와 끊임없이 대화하며 상대방의 생각을 이해하고 그것을 집으로 풀어내는 게 건축가의 역할이라고 말한다.

주요 작품으로는 서울시립대 국제학사, 대치문화센터, 서울창포원 비지터센터, 성모자애복지관, 압구정 노인복지관, 양평 포옹산가抱雍山家 주택 등이 있다.

HOUSE DATA

평창제색도

LOCATION	서울시 종로구 평창동 444-1
PROGRAM	단독주택
SITE AREA	732.73㎡
DESIGN PERIOD	2007.10~2010.04
CONSTRUCTION PERIOD	2008.04~2010.04
EXTERIOR FINISHING	노출콘크리트, 정다듬
INTERIOR FINISHING	자작원목마루, 마천석, 아노다이징 금속판

photo©윤기석(TOBE STUDIO)

북한산에서
굴러 온 바위

선생님, 건축의 가치를 좀 쉽게 설명해주세요.

옛말에 이런 말이 있죠. "자연이 주는 식재료는 신이 준 선물이고, 양념은 악마가 준 선물이다." 좋은 음식이란 결국 이 재료와 양념이 적절히 섞여 만들어지는 것이죠. 건축도 비슷하다고 생각해요. 땅이라는 자연의 조건에 건축가의 예술적 언어가 양념처럼 첨가되어 더 좋은 맛을 내는 거죠.

북한산 가는 길에 위치한 평창제색도

평창제색도, 이름 속에 감춰진 탄생의 비밀

■——— 잠깐! 여기서부터는 안대를 쓰고 저를 따라와보시죠. 깜짝 놀랄 만한 풍경을 보여드리겠습니다. … 자, 다 왔습니다. 이제 안대를 천천히 벗어주세요.

■——— 아! 말을 못 잇겠네요. 제가 이 자리에 서 있는 게 믿어지지 않아요! 대한민국에 이런 정원과 풍경을 가진 집이 또 있을까요? 신생님, 지금 제 눈에 맺힌 눈물 보이세요? 지금까지 수많은 집을 봐왔지만 이렇게 울컥한 적은 없었는데…….

어떤 풍경이기에 건축가는 진행자의 눈을 안대로 가리고, 또 진행자는 숨 막히듯 외마디 비명을 내지르고도 모자라 눈물까지 글썽이는 것일까? 오로지 건축의 힘만으로 이런 벅찬 감동을 불러일으킬 수 있을까? 건축 때문만이 아니라면 이 집에는 또 어떤 감동의 원천이 숨어 있는 것일까? 아마도 그 비밀은 밖에서는 절대 확인되지 않는 이 집만의 고유한 내부 요소일 것이다. 밖에서 보인다면 제아무리 근사한들 이렇게 격정적인 감정을 안겨주기 힘들다. 밖에서는 쉽게 예측할 수 없는 어떤 극적 반전이 내부에서 펼쳐진 것이 분명하다. 집의 이름이 평창제색도라……. 대번에 조선 후기의 화가 겸재 정선이 그린 인왕제색도가 떠오른다. 하지만 이곳은 인왕산이 아닌 북한산인데? 얼마나 대단한 풍경을 소유한 집이기에 이렇게 국보급 명화의 이름을 담대하게 빌어 왔을까? 그 이름과 공간 속으로 들어가 굳게 닫힌 비밀의 화원을 직접 확인해보자.

북한산 꼭대기에 집터가 있으니……

──── 저 아래에서부터 쭉 걸어 올라오는데 유난히 이 집만 눈에 들어오던데요. 그 정도로 주변과 구별되어 눈에 확 띄는 특이한 집이에요.

──── 그렇죠? 뒤편의 북한산이 사실 바위산인데, 거기서 모티브를 따왔어요. 바위가 굴러 내려와 하나의 집으로 변한 것이고, 또 그 바위 가운데로 번개가 내려친 형상이에요.

눈앞까지 발딱 일어선 경사진 산 중턱 도로를 한 발 한 발 걷다 보면 턱 밑까지 차오르는 숨에 발길이 저도 모르게 멈춘다. 평창동과 북악산 자락이 펼쳐지는 북한산 남쪽 기슭, '도대체 이 집은 어디에 있는 거야?' 능선을 따라 100미터 정도만 더 오르면 북한산국립공원의 평창매표소다. 여기서 100미터를 더 가면 평창계곡이니 이미 북한산에 들어온 것과 사실 진배없는데……. 뻐근하게 저려오는 종아리, 이마에 송골송골 맺힌 땀방울이 잠깐 쉬어갈 것을 종용한다.

호흡을 가다듬고 주위를 다시 한 번 찬찬히 둘러보니 북쪽으로는 사계절 내내 어깨 하나, 옷깃 한 섶 까딱 않는 가파른 바위산이, 남쪽으로는 아웅다웅 적당히 모여 사는 주택들이 한눈에 들어온다. 누구도 마다하지 못할 평화로운 마을과 꿈꾸는 자연의 조화라고나 할까. 경치만으로는 10점 만점에 9.9점! 하지만 곳곳에 불쑥불쑥 튀어나온 무규칙 바위들과 급경사지를 보니 집을 보기도 전부터 고민이 치고 나온다. '평창 제색도는 어떤 포즈를 취하고 있을까?' 아무리 건축가들이 평지보다

경사지를 선호한다고는 하지만 이 지역은 정도가 좀 심하다. 게다가 국립공원 입구 주변 지역이라 헬멧과 안전벨트, 줄, 하강기까지 갖춘 프로 산악인들부터 형형색색의 등산복을 차려입은 아주머니들까지 정신없이 오가고 있다. 대체 집을 찾아가는 건지 산을 찾아가는 건지 분간이 안 되는 상황이다. 그런데 이런 어지러운 풍경 속에서, 아까부터 아리송하게 눈에 들어오는 바위가 하나 있다. 어디서 굴러 떨어졌는지 모를 이상한 형태의 바윗덩어리가 길 끝에서 오가는 행인들의 시선을 사로잡는다. '헉! 그래, 바로 저거다. 저것이 건축가 마성호가 가져다 놓은 바위, 평창제색도로구나!'

산등성이에 떨어진 별똥별 하나

— 저는 이 집을 처음 보고 마치 큰 바위덩어리 하나가 툭 북한산에 박혀버린 느낌을 받았어요.

— 결국 자연 속에 잘 박혀 있다는 뜻인 것 같아서 좋네요.

사실 이 집의 건축주는 7여 년간 집을 짓지 못하고 깊은 고민에 빠져 있었다. 그는 서울에서 손꼽히는 좋은 위치와 아름다운 풍경 위에 그저 그런 평범한 집을 짓고 싶지 않았다. 게다가 오랫동안 외국 생활을 해서 정착하고 싶은 마음을 가지고 있으면서도 여행을 즐기는지라, 평생 뿌리내리고 살 집처럼 편안하지만 또 한편으로는 익숙하지 않은 새

북한산의 절경을 맛보다

로운 공간을 원했던 것이다. 또한 위치의 특성상 등산객들이 자유롭게 오가는 길로부터 사생활을 보호받고 싶었다. 건축가는 건축주가 원하는 바를 듣고 난 뒤 선택의 기로에 선다.

이런 대지 조건에서 일반적인 건축가라면 집을 둘러싼 모든 방향의 조망을 포기하지 못한다. 산과 마을, 자연과 사람이라니. 주택가에서 이만

한 이야깃거리가 어디 있겠는가. 그래서 사방팔방 온통 유리를 갖다 붙여 조망과 풍경을 끌어들이는 데 정신이 팔릴 수도 있다. 하지만 건축주의 뜻에 따라 건축가 마성호는 과감하게 동네를 등지고 차단한다. 도로면, 즉 남향을 포기하고 전면을 단단한 콘크리트 벽으로 막은 것이다. 건축가는 산등성이 위에 살포시 떨어진 별똥별이라고 이 집을 표현했

지만, 밖에서 보면 유리 건물에 콘크리트 덩어리가 꽉 박힌 것 같다. 게다가 재료의 무게감에 약간 앞으로 기운 모양새가 마치 '달려드는 것 같은' 건물이다. 그만큼 외부는 강렬한 조형성과 개성을 갖는다. 하지만 눈앞이 먹먹한 느낌은 지울 수 없다. 건축가는 이런 느낌을 완화시키기 위해 번개 문양으로 벽을 찢어내고 곳곳에 유리창을 뚫었다.

집 앞을 지나는 사람들은 "어휴, 무슨 집이 이렇게 생겼어?"라며 의아함 반, 호기심 반으로 한마디씩 툭 던진다. 하지만 집주인은 개의치 않는다. 집 안으로 들어가면 이렇게 남쪽을 가린 이유를 충분히 이해하고도 남을 풍경, 그렇게 말하는 행인들은 꿈에도 모를 바위산의 절경이 장대하게 펼쳐지기 때문이다. 측면부터 배면은 가능하면 집 안팎이 연결될 수 있도록 투명한 유리벽을 세웠다. 즉 전면에 입혀놓은 갑옷을 훌러덩 벗어 던지고 자연으로 돌아가는 것이다.

난 삐딱한 것이 좋더라

───── 벽들이 대부분 기울어져 있어서 내부 공간의 효율성이 떨어질 줄 알았는데, 집 안을 둘러보니 점점 좁아지는 공간도 구석구석 기가 막히게 활용하셨네요.

───── 보통 평면과 공간의 효율성을 고려해 건축가들은 예각을 피하기 마련이죠. 하지만 저는 건축이 효율성으로만 이뤄지는 것은 아니라고 봅니다. 효율성을 절묘하게 보완해가면서 독창적인 공간 설계에 최대한 주력했죠.

기울어진 콘크리트 벽면 덕분에 내부 공간은 불친절하다. 좀처럼 편히 사용할 수 있는 여유로운 구석이 없다. 아래층은 좁고 위로 갈수록 넓어지기는 하나 좀 쓸 만한 면적이다 싶으니 또 바로 옥상이 나와 끝나버린다. 일반적인 건축주라면 이렇게 효율성이 떨어지는, 연면적을 최대한으로 뽑아내지 못한 집은 거들떠보지도 않을 터. 하지만 집주인이 '평범한 집은 사절'이라니 기왕 저지르는 거 평소라면 달갑지 않았을 예각도 마음껏 보태어 쓴다.

날카롭고 좁은 예각 모서리는 우리에게 익숙한 직각보다 공간 활용도는 떨어지고, 심리적으로 불안정한 환경을 조성한다. 미술관처럼 새로운 경험을 하는 비일상적인 공간이라면 모를까 집이나 회사처럼 일상생활이 이뤄지는 곳에서는 건축가들이 사선 한 줄 긋기도 어지간히 눈치가 보인다. 그래서 어쩔 수 없이 네모난 집에 박공지붕 혹은 평지붕을 얹은 집이 태반인 것이다.

그러나 우리의 용감한 건축주는 건축가에게 색다른 공간을 주문했고, 건축가는 이에 격하게(?) 부응했다. 예각은 분명히 공간에 생동감을 주고 역동적인 분위기를 만들어낸다. 그리고 사람의 움직임에 따라 원근감을 극대화해 마치 트릭아트를 하듯이 극적인 장면을 연출하기도 한다. 한편 한번 직각을 벗어나 틀어지기 시작한 평면 위에 기성 가구들은 갈 곳을 잃고 어정쩡하게 놓이는 경우가 허다하다. 결국 건축가는 인테리어 디자이너와 합심하여 그 오묘한 모서리에 맞춰 사선을 적당히 넣어가며 주방 가구와 거실 가구를 모두 맞춤 디자인했다. 워낙

독특한 공간 분할로 이루어진 평창제색도의 내부

집 안을 가로지르는 선과 면이 많기 때문에 가구는 자연 소재로 최대한 단순하게 만들었다.

마성호는 공간 분할에 있어서 잘게 나눈 평면 끝에 벽을 세우지 않고 층층이 구분되도록 스킵 플로어를 도입한다. 이는 생활공간을 짜임새 있게 나누어 구성하면서도 집 전체가 하나의 공간이라는 느낌을 가질 수 있는 슬기로운 경사지의 해결책이다. 침실, 서재, 화장실까지 평창제색도에서는 방의 개념보다 층의 개념으로 공간들이 구분된다. 계단을 타고 집으로 들어오면 거실과 주방을 만나고 반 층 올라간 중층에 거실이 위치한다. 2층에는 침실이 있으며, 그 위가 옥상 데크다. 꼭대기에 오르면 저절로 입이 쩍 벌어지고 감동의 눈물이 맺힌다.

게으름 속에 마주하는 진귀한 경치들

──── 소파에 앉아서 고개를 슬쩍 드니 천창으로 하늘이 비치네요.

──── 네, 천창은 채광뿐만 아니라 자연도 함께 집 안으로 들여주죠.

평창제색도는 첫인상이 워낙 묵직한 물성으로 꽉 찬 집이다 보니 의식적으로 외부와의 스킨십이 좀 더 필요했다. 그래서 전면을 제외하고는 전부 커튼월에, 내부에는 벽 자체를 없애고 집 안 어디에 있더라도 외부와의 소통이 가능케 하였다. 그것이 숲이든, 나무든, 마을이든, 하늘이든 이 좁은 공간들은 각자 저마다가 소통하고 눈을 맞추는 대상들을

평창제색도의 맨 꼭대기 옥상 데크

하나씩 갖고 있다.

그러다가 거실 소파에 벌렁 눕거나 침실 침대에 눕기라도 하면 천창으로 쏟아지는 빛줄기 사이로 북한산 형제봉이 떡하니 보인다. 세상에 이런 귀한 풍경을 산에 오르는 수고도 하지 않고, 잠옷 바람에 게으르게 누워서 모두 제 것인 양 집 안에서 누려도 되는 것일까? 감동의 물결이 몰아치면서 다시 한 번 집 안을 천천히 살핀다. 계단을 오르내리면 쉴 새 없이 자연과 마주친다. 곳곳에 숨어 있는 거울 기둥은 구석까지 후정後庭의 풍경을 전한다. 그리고 비로소 시선은 그 육중한 바위 뒤로 숨겨진 비밀의 화원에 닿게 된다.

인왕제색도 부럽지 않은 평창제색도

━━ 우와, 이런 비경이 집 뒤에 감춰져 있을 줄이야…….

━━ 이 집에서 볼 수 있는 경치는 상상 그 이상이죠. 바위산의 모습이 이 정도로 절경이 될 줄은 아무도 예상하지 못했을 겁니다.

그렇다. 이 집의 하이라이트는 후정이다. 아니 작은 후원後苑이라 하여도 좋을 법하다. 대원군이 이 광경을 보았더라면 석파정을 반납하고 이곳을 취했으리라. 눈앞에 펼쳐진 것이 그림인지 실사인지 별세계인지 모를 정도로, 바위산에 온갖 종류의 풀과 나무가 흐드러진다. 청솔모, 다람쥐, 꿩이 뛰노는 북한산을 정원으로 만든 집은 대한민국 어디

한 폭의 산수화를 옮겨다놓은 것 같은 평창재색도의 후정

에서도 볼 수 없는 아름다운 풍경을 독차지했다. 공간을 쪼개고 끼워 넣어 만든 집이지만 사람이 많이 다니는 길을 막은 대신에 옥상은 탁 트여 온 세상이 내 것 같다. 자연석을 쌓아 만든 돌계단을 지나 티 테이블에 앉아 즐기는 여유. 겸재가 아니더라도 이 집을 찾으면 당장 자리 잡고 앉아 붓을 들고 한 폭의 산수화를 그려낼 것만 같다.

사계절 옷을 갈아입는 자연 속에 한결같은 모습으로 남아 있기를 바라는 소망이 담긴 평창제색도. 강렬한 조형이 발산하는 존재감이 더해주는 반전 매력과 함께 더욱 더 많은 이야기를 채워나갈 것이다.

건축가는 건축주와 끊임없이 대화하며 상대방의 생각을 이해하고 집으로 풀어내죠. 집이 크든 작든, 한 명의 사람이 있든 불특정다수의 사람이 사용하든, 사람들이 건축에 기대하는 것은 천차만별이에요. 건축은 다양성이 있는 존재를 담아내는 그릇이에요. 다양한 사람들이 원하는 다양한 가치를 잘 찾아서 담아내는 것이 결국 건축가가 좋은 집을 짓기 위해 할 일이라고 생각합니다.

ARCHITECT NOTE

급경사 대지의
최적화 방법,
스킵플로어 활용법

북한산의 급경사면 위에 지은 평창제색도. 건축가 마성호는 이 경사면이 반갑기도 했지만 그만큼 공간을 풀어내는 데 많은 고민을 할 수밖에 없었다. 그는 고민 끝에 스킵플로어를 적용해 최대한 활용도를 높이고자 했다. 다채로운 공간 구성과 층을 가질 수 있는 스킵플로어 설계, 그 장단점은 무엇인지 평창제색도와 함께 구석구석 인테리어 해법을 폭넓게 알아보자.

형태와 공간의 기능적 배분은 무엇보다 대지로부터 출발한다. 특히 대지가 급한 경사를 갖거나, 대지 내에 레벨 차가 있는 경우라면 더욱 그럴 수밖에 없다. 북한산 자락에 위치한 평창제색도의 부지가 가지는 다양한 속성 가운데서도 가장 눈에 띄는 조건은 바로 건물 앞뒤로 대지의 높이 차가 매우 크다는 것이다. 공간 형성 자체가 불완전한데다가, 바위가 쪼개진 듯 대담한 입면을 가지고 있는 집이기에 스킵플로어라는 공간의 형식을 고안하게 되었다. 스킵플로어는 반 층 높이로 층이 엇갈리며 이어져서 서로의 레벨 극복이 쉬운, 층간의 소통이 잘 이루어지는 형식이라고 할 수 있다. 이는 불안전한 공간을 순차적으로 나눠가며 하나의 스토리를 차분하게 전개해주는 역할을 한다.

외부 계단에서부터 세 개 층을 지나 옥상 조망 데크까지 쉼 없이 이어지는 공간적 배분은 집주인과 구성원이 각각의 위치에서 자리를 잡고 서로 소통하게 한다. 서로를 꿰고 있는 연속적 공간의 느낌은 마치 잘 연출된 하나의 이야기와 같다. 이 집이 일반적인 집처럼 1층 위에 2층, 2층 위에 3층으로 구성된 것이 아니라 스킵플로어 형식이기에 가능한 일이다.

한편 평면을 직사각형 한 면이 확장된 장방형으로 설정해 내부로의 집중과 확장을 갖게 했는데, 이로 인해 평면을 이동할 때도 변화무쌍한 공간 경험을 할 수 있다. 공간의 한 위치에 서 있거나 앉아 있을 때 각자의 위치에서 서로를 바라보며 느낄 수 있는 공간 구성은 사람과 공간의 사이에 소통 가능성과 관계 맺음을 더한다.

스킵플로어 공간을 이동할 때는 자신의 위치나 운동 방향에 따라 시각적으로 다채로운 경험을 하게 된다. 예를 들면 위층과 아래층 창문이 서로 반대 지점에 위치해 서로 다른 조망을 갖게 된다. 창 밖으로 마을이 보이다가 단풍이 보이고 또 사라지는 식이다.

이렇듯 스킵플로어는 층간의 유기적 소통과 연결을 통해 공간의 흐름을 만들어내면서도 서로 다른 공간의 방향성과 조망을 만들어낼 수 있다. 특히 평창제색도의 경우 방의 개념 자체를 거부하고 하나의 층이 하나의 공간을 이루는 개념으로 구성되어, 열린 구성 속에서 공간적 내러티브를 스킵플로어로 엮어갈 수 있었다.

부지 내의 단 차를 역으로 활용해 공간적 역동성과 흐름을 얻어내는 스킵플로어는, 아이들이 있거나 노부모를 모시는 가족의 경우에는 불편한 집이 될 수도 있다. 그러나 오늘날과 같은 세대 분리형 가족이 역동적인 삶을 살고자 할 때 이색적이고 재미있는 집을 만들 수 있는 하나의 선택지가 될 수 있다.

家 生活

NATURE
NEIGHBOR
WORK
RELAXATION

최시영 × 유미재
流美齋

건축가 최시영

건축가 최시영은 한국실내건축가협회 회장을 역임했으며, 현재 (주)엑시스케이프 대표다. 그는 형식에 얽매이기보다는 남들과 다른 디자인을 선보이며 집의 개념에 변화를 불어넣고 있는 선두주자다.

그는 '공간을 어떻게 활용할까?'라는 생각보다는 '그곳에서 어떻게 시간을 보내는가?'라는 생각을 가지고 디자인한다. 최근에는 텃밭, 가든 문화에 관심을 갖고, 광주 디자인 비엔날레 등 이를 확산시키기 위해 다양한 프로젝트를 진행하고 있다.

주요 작품으로는 타워펠리스, 헤르만하우스, 두빌, 팔레스호텔, CGV 신촌 아트레온 등이 있다. 또한 디자인 공로를 인정받아 국가로부터 산업포장을 수상하였으며, 독일국제포럼 디자인하노버 주관 2011 IF 디자인어워드 수상, 아시아 태평양 공간디자인협회상, 문화부장관상, 골든스케일 디자인어워드, 명가명인 상 등을 수상했다.

HOUSE DATA — 유미재

LOCATION	경기도 가평
PROGRAM	갤러리 하우스
SITE AREA	600㎡
DESIGN PERIOD	2009.05~2009.07
CONSTRUCTION PERIOD	2009.08~2010.02
EXTERIOR FINISHING	보령석, 우드(방킬라이), 석재(마천석)
INTERIOR FINISHING	슬레이트, 우드(방킬라이), VP도장, 보령석

photo ⓒ 정태호

자연과 예술,
사람을 사랑하는 마음이 한데 모인 곳

건축과 인테리어 두 분야를 자유로이 넘나드는 디자이너로서
==실내 공간에 대한 생각==이 특별히 남다를 것 같은데 어떠신가요?

보통 하나의 건축물을 두고 외부와 내부를 이분법적으로 나누는 경향이 있는데 저는 이 두 영역이 서로 교감할 때 비로소 좋은 건축이 탄생한다고 봐요. 그런 소통이 있어야만 사람들은 집에서 새로운 일상과 경험을 마주할 수 있겠죠. 최근에는 아침에 눈을 떴을 때 살아 있는 생명과 눈을 마주할 수 있는, 사람이 자연과 가까워질 수 있는 환경을 조성하는 것이 제 최대 관심사예요.

청평 호수를 바라보고 있는 갤러리하우스 유미재

침실에 스며든 예술, 갤러리하우스

■────── 갤러리하우스라 그런지 미술관을 방불케 할 만큼 집 안 곳곳에 예술작품들이 눈에 띄네요. 지금 전시 중인 거죠?

■────── 그렇죠. 작품 일부를 전시한 것인데 자연스럽게 방문객들에게 그들의 집에도 이런 그림을 걸 수 있다는 것을 보여주고 있어요.

영국 런던의 존 손 경 미술관 Sir John Soane's Museum 은 건축가 존 손 경이 19세기에 지은 사저이자 자신의 소장품을 전시하기 위해 지은 미술관이다. 런던에서 가장 큰 광장인 링컨즈 인 필드를 에워싼 저택들 가운데 앞으로 툭 튀어나온 석회암 파사드가 눈에 띈다. 겉보기에는 평범한 집이나 문을 열고 들어가는 순간 건축과 혼연일체가 된 소장품들로 눈이 때아닌 호사를 누리게 된다. 유리 돔을 투과해 쏟아지는 빛을 받으며 전시된 그림과 조각이 수만 여점. 엄청난 수의 소장품이 빽빽하게 진열되어 있어 좁다란 복도와 방을 헤집고 다니다 보면 내가 어디에 서 있는지 감각을 잃어

라이브러리 너머로 보이는 청평 호수

버릴 정도로 복잡하고 혼란스럽다. 하지만 기꺼이 길을 잃고 싶을 정도로 집 안 구석구석 숨어 있는 보물로 인해 오감이 풍요로워진다.

갤러리하우스는 우리의 일상적 삶 속에 예술을 풍덩 빠트린 집이다. 지극히 사적인 공간인 집과 공공성을 띠는 갤러리가 만난 것이 아이스크림을 뜨거운 기름에 튀겨 먹는 것처럼 다소 어색한 구석이 있는 게 사실이다. 존 손 경이야 세상을 떠나 더 이상 그 집에 살고 있지 않으니 그렇다 치고, 오늘 아침 내가 자다 일어난 침실에 처음 보는 사람들이 저벅저벅 들어와 벽에 걸린 작품을 구경한다면 꺼림칙하지 않을 수가 없다. 게으름이 절로 스며드는 주말 아침의 늦잠도 일찌감치 반납해야 할 대상이다.

건축주는 3층짜리 별장의 공사를 마칠 때쯤 '청평의 아름다운 풍경과 어우러진 이곳을 다른 사람들과 함께 나누는 것이 어떠한가?'라는 주변의 권유로 별장을 갤러리하우스로 전용하기로 결심했다. 일단 마음은 그리 먹었지만, 이미 별장으로 지어놓은 데다가 개인 공간이 필요했던 터라 고민에 빠진다. 그래서 이 집을 설계한 건축가 최시영과 함께 회의를 열었다. 건축가 입장에서는 집으로 이미 공간 계획을 다 해놓은 상태인데 용도 변경을 하겠다니 설계 변경이 달가울 리 없다. 하지만 건축주가 요구한 의도, 즉 작은 수익이라도 생긴다면 이를 어려운 사람들과 나눌 것이라는 선의에 설득당해 그 '공공의 적'과 얼싸안고 말았다. 결국 주거 공간의 구조를 유지한 상태로 실내 공간에는 회화를, 외부 공간에는 조각을 설치해 국내 최초의 갤러리하우스로 완벽하게 변신시켰다. 그리고 건축주와 지인들의 휴식을 위한 마지노선으로 1층은 게스트존으로 남겨두고 2~3층만 개방하였다.

\#

클라이언트의 나무 사랑은 각별하다.
건축주와 우리는 가파른 경사지에 잘 자리 잡고 있는 소나무를 건축의 한 부분에 담고자 했다.
자연의 건강함을 끌어들이는 것에 우리는 많은 시간을 투자하고 시공상의 어려움을 극복해야 했다.
저편으로 보이는 아름다운 풍경들과 올곧은 나무들……
자연과의 교감은 우리의 영혼을 맑게 하며, 지친 우리의 삶의 희망을 일깨워준다.

\# 가평

조그만 물길따라 언덕에 순응하며 고요히 자연으로 귀속됨이 낯설지 않다.
강은 흐르고 있음에도 고여 있는 듯 우리의 마음을 붙들어 맨다.
소나무가 가끔은 시야를 가린다. 물끄러미 바라보는 동안, 어느덧 나도 같은 구경꾼이 되었다.
저만치에 산이 있어 좋고 조금 더 먼 곳에도 산이 있어 좋다.

바람을 타고 잔잔히 어르는 솔내음, 강내음에 취해 우리는 지금 물맞이 하는 중이다.

- 건축가 최시영이 집을 짓기 전에 쓴 시와 메모

있는 듯 없는 듯, 자연과 어울리는 숨바꼭질

━━━ 어? 자칫 잘못하면 입구를 그냥 지나칠 뻔했어요. 집이 눈에 잘 안 띄네요. 아니, 아예 집이라는 느낌이 거의 없는데요?

━━━ 정확히 보셨어요. 그건 건축주와 제가 의도한 바입니다. 자연의 일부분처럼 집은 도로 아래로 몸을 감추고 있지요. 이 집 전체를 볼 수 있는 기회는 저 청평호 한가운데가 아니라면 없는 셈이죠.

'청평 호숫가에 갤러리가 있다'고 해서 한껏 위세와 멋을 자랑하는 건축물이 서 있겠거니 미리 추측하고 75번 국도를 달리다 보면 멋진 풍광에 넋을 놓게 된다. 그러다가는 유미재를 무심코 스쳐 지나가기 십상이다. 내비게이션의 도움을 받아 놓치지 않고 제대로 찾아간다 하더라도 빨간 조형물과 갤러리하우스 유미재라는 간판 외에 도로 위에 눈에 띄는 것은 없다. 저 멀리 호수와 산만 보일 뿐.

이만하면 건축주와 건축가의 의도가 성공한 셈이다. 애초에 집을 계획할 때 자연의 아름다운 풍경을 살리는 데 주력했다. 그래서 강 건너편에서 바라보지 않으면 이 집을 발견하기 어렵게 집을 도로 밑으로

급경사 위에 지어진 유미재

최시영 ■ 유미재

유미재 모형

숨긴 것이다. 굳이 외관 전체를 보려면 배를 타고 호수로 나아가야만 한다.

사실 건축가는 이 땅을 처음 마주했을 때 그 당혹감을 이루 말할 수 없었다고 한다. 땅 좀 보러가자고 해서 따라 나섰더니 건축주가 급경사지에 서서는 거의 절벽에 가까운 부지를 가리키며 "선생님께서 설계가 가능하다면 이 땅을 사고 아니면 포기하겠습니다."라고 말했단다. 탄성과 한숨이 동시에 나오는 상황. 언뜻 보아서는 건물이 발을 딛고 설 자리도 마땅하지 않다. 건축주도 같은 이유로 대지 매입을 보류하고 있었다. 하지만 그곳에 서서 바라본 푸른 자연이 자꾸 눈에 밟혀 건축가에게 결정을 맡긴 것이다. 건축가 최시영도 경치에 매료되어 도전장을 던지고 시험대에 올랐다.

절벽에 버티고 서서 호수를 바라보다

▬▬▬▬ 2층으로 오니 아주 탁 트인 공간이 펼쳐지네요.

▬▬▬▬ 땅의 생김새 덕분에 자연스럽게 7.6미터 높이의 시원한 공간을 만들 수 있었죠.

기꺼이 일을 맡기는 했으나 이 급경사에 집을 어떻게 세운단 말인가. 해법은 절벽을 타고 내려가는 수밖에. 그래서 유미재는 계단을 따라 내려가며 층층이 집이 구성되어 있다. 3층에서 안내를 받아 복도에 들어서면 왼쪽에는 침실이, 오른쪽으로는 서재가 있다. 하지만 말이 침실이고 서재지 이 모든 공간은 예술작품을 위한 전시 공간이다. 침대, 식탁, 책상이 있는 공간에 놓인 회화는 독특한 분위기를 자아낸다. 각 방과 복도에 걸린 작품들을 느린 걸음으로 감상하다 보면 자신들이 사는 집엔 어떤 그림이 어울릴지 한 번쯤 생각해보게 된다.

외부로부터 건물 내부까지 이어지는 돌벽을 왼편에 두고 2층으로 내려가면 두 개 층 높이로 넓게 트인 전시 공간이 나온다. 유리 통창 너머로 보이는 호수를 배경으로 삼아 전시된 작품들은 햇빛을 받아 더욱 더 반짝인다. 시원하게 열린 창은 마치 밖에 나와 있는 것 같은 착각이 들 정도로 바깥 풍경을 가감 없이 받아들인다. 주택으로 보면 거실에 해당하는 이 공간은 사적인 파티나 소규모 콘서트를 위해 대관도 하고 있다. 옆으로 고개를 돌리면 모던한 분위기의 주방이 있어 관람객들이 차를 마실 수 있는 티룸으로 이용되기도 한다.

1층으로 가기 위해서는 2층의 외부 계단을 이용해야 한다. 1층은 위의

소나무와 일체감으로 지어지고 있는 유미재

2, 3층과는 다소 독립적으로 운영되는 공간으로, 주로 건축주의 개인적인 공간이면서 연회나 콘서트를 위한 장소이기도 하다. 또한 1층 거실은 거실 중앙을 한 단 내려둠으로써 사람들이 자연스럽게 중앙으로 모이도록 유도한다.

내부 공간의 지배적인 색채는 어두운 갈색과 검은색이다. 아무래도 설계에서 중점을 둔 것이 자연과의 조화이다 보니 자연 소재인 나무와 어두운 색의 돌을 주로 사용했다. 그렇기에 몸도 마음도 차분히 내려놓고 일렁이는 호수를 바라볼 수 있는 고즈넉한 분위기를 연출한다. 내·외장재를 통일한 것도 설계 포인트다. 호수를 향한 입면은 거의 유리벽으로 처리했다. 호숫가 선착장으로부터의 시선 외에는 바깥의 눈을 의식할 필요가 없으니 침실부터 욕실까지 모두 속살을 훤히

드러낸다. 낮에는 환한 햇살이, 밤에는 호수에 비친 달빛이 쏟아져 들어온다.

호수에 비친 달빛 소나타

■──── 선착장에서 바라보는 자연은 정말 감동적이네요!

■──── 호수 옆에 있는 이 집만의 특권이죠. 호수는 집의 모습을 온전히 바라볼 수 있는 유일한 곳이기도 합니다.

갤러리하우스 유미재가 소장한 가장 값비싼 소장품은 바로 절대 돈으로 환산할 수 없는 청평호다. 대지의 악조건을 이겨내면서까지 소유하

나무와 돌을 사용한 내·외부 공간

고자 했던 호수의 풍경과 수공간은 그래서 이 집을 이야기할 때 절대 빼놓을 수 없는 부분이다.

유미재를 즐기는 방법에 대해 몇 가지를 말해보고자 한다. 첫 번째는 선착장으로 나와 가까이에서 즐기기. 1층 외부 계단으로 내려가면 조각 작품으로 꾸며놓은 작은 정원 앞으로 보트 선착장이 있다. 작은 음악회를 여는 공연장이 되었다가 작품 발표회를 하는 연회장이 되기도 하는 이곳은 여름에는 보트와 요트 등 수상레저를 즐길 수 있는 공간이 된다.

두 번째는 욕실에서 거품 목욕을 하며 석양 바라보기. 별장으로 계획되었던 집인 만큼 중점을 두고 설계된 것은 욕실이다. 목욕은 피로를 씻어내고 지친 몸을 달래는 하나의 의식이라고 해도 과언이 아니다. 잠시 생각을 멈추고 욕조에 몸을 담근 채 바라보는 붉은 호수는 이 집에서 누릴 수 있는 최고의 호사. 거기다가 욕실 밖 테라스에서 실루엣을 만드는 소나무가 관조의 운치를 더하고 있다. 원래 이 땅에 자라고 있던 것을 건축주가 간곡히 부탁해 살아 있는 채로 남겨두었다. 세 그루의 소나무는 1층과 2층의 욕실에 푸른 기운을 더한다.

마지막으로 1층 콘서트홀에서 음악과 와인을 즐기며 멍하니 바라보기. 이것이 가히 으뜸이다. 거실 중앙에 놓인 의자에 팔을 걸치고 비스듬히 앉거나 등을 기대어 편한 자세를 취하면 단 위에서 이벤트가 시작된다. 연말 콘서트가 될 수도 있고 전시회 오프닝 파티가 될 수도 있다. 사계절, 낮과 밤에 따라 바뀌는 배경에 맞춰 변하는 호수 풍경은 실내

음악과 와인을 즐길 수 있는 1층 콘서트홀

를 가득 채운 선율과 함께한 사람들과의 행복한 시간을 만들어준다.
옛 선비들의 정자처럼, 흐르는 강물을 바라보며 마음의 시를 한 수 풀어내거나 물속에 풍덩 뛰어들어 적극적으로 물놀이를 즐길 수 있는 유미재의 호수 활용법은 이 집을 찾는 즐거움을 배로 만든다.

개인의 집에서 만인의 갤러리로, 청평의 명소로 거듭나다

──── 이 집이 사실은 관장님의 개인 별장이었다면서요?

──── 그랬었죠. 혼자 쓰려다가 어느 날 갑자기 혼자서 이 멋진 풍경과 자연을 독차지 하는 건 아니라는 생각에, 많은 사람들과 공유하고자 갤러리로 용도를 바꾸게 되었답니다.

유미재 갤러리하우스에서 승용차로 5분 거리에 한국의 작은 프랑스 마을, 쁘띠프랑스가 있다. 또 가평의 아침고요수목원과 남이섬은 이미 오래전부터 이 지역의 유명 관광소로 널리 알려져 있다. 최근에는 이에 더해 유미재 또한 관광객들의 입소문을 타고 가평 나들이에 들르는 고즈넉한 예술 공간이 되었다. 유미재는 많은 사람들에게 사랑받는 집이 된 것이다.

이렇게 되기까지는 함께 나누는 방식에 대한 건축주의 고민이 유효했다. 만일 기존 계획대로 별장으로만 사용했다면 그 가치가 빛을 발할 수 있었을까? 갤러리하우스는 수익 창출을 위한 선택이라기보다는 자

동양의 미가 느껴지는 내부 공간

연과 예술과 삶이 어우러진 집을 보다 많은 사람들과 공유하고자 하는 마음으로 내린 소중한 결정이었다. 현재 갤러리를 운영하면서 생기는 수익의 일부는 불우 이웃 돕기에 사용되고 있다. 자연과 예술, 사람을 사랑하는 마음이 한데 모여 만들어진 유미재. 그 이름에 걸맞는 지고한 아름다움이 이곳엔 계속 흘러넘칠 것이다.

ARCHITECT NOTE

아슬아슬한 급경사에
안착하기 위한
완벽한 옹벽 공사의
노하우

유미재는 청평댐 입구를 지나 10킬로미터쯤 들어간 곳에 청평호수를 따라 대지의 경사면에 자리잡고 있다. 전면엔 강, 후면엔 구릉이 펼쳐진 수려한 자연환경 덕에 건축물에 애써 지나치게 멋을 낼 필요가 없었다. 그러니 자연스럽게 건물은 길가에서 강을 향해 몸을 숨기고 옹벽을 등지게 된 것이다. 구릉 쪽의 벽체는 축대처럼 높이가 강조된 묵직함이 강조되었으며 돌과 나무만으로 내·외부 벽체 모두를 한 통으로 감싸고 있다.

보통 강가나 호수가 경사지에 마련된 집들은 유미재처럼 길가에서 내려가면서 건물에 진입하고, 결국 강가에 도달하는 형식으로 지어진 경우가 많다. 그것이 건축적으로 단 차를 활용하면서 토목공사의 비용과 수고를 덜 수 있는 방법이기도 하다. 하지만 이런 경우 중요하게 부각되는 것은 바로 집이 등을 기댈 수 있는 든든한 옹벽의 필요성이다.

고속도로를 운전하다 보면 특히 절개면의 옹벽을 자주 접하게 된다. 재료로 분류하면 철근콘크리트조, 벽돌조, 석조, 프리캐스트 등 다양한 유형의 옹벽들을 볼 수 있을 것이다. 기본적으로 옹벽을 세울 곳의 토질과 하중을 검사하여 옹벽 설계에 반영한다. 옹벽은 무조건 두껍게 만든다고 해서 구조적인 안정성을 보장하는 것은 아니다. 산에서 내려오는 물길을 알고 이 물길을 피해 옹벽을 만든다거나 아니면 배수로를 잘 확보해가며 옹벽을 만드는 것이 중요하다.

한편 옹벽이 그대로 노출되는 경우, 아니면 옹벽이 건물에 인접해 건물이 기대거나 인접해 드러나야 하는 경우라면 좀 더 세심해야 한다. 옹벽의 경우 많은 습기가 발생하므로 건물의 외벽으로 바로 사용하는 것은 부적절하며 적절한 이격거리를 두거나 내부에 공간을 따로 두어 습기의 침투를 막아야 한다.

유미재의 경우는 집의 한쪽 모서리가 절벽에 닿은 형태로 옹벽이 외부 계단실과 맞닿아 있다. 즉 옹벽과 본 건물 사이를 띄워 적당한 이격거리를 확보하고 있는 것이다. 또한 수평 방향의 구조체인 바닥으로 옹벽의 하중을 받아내 일종의 앞부벽식 옹벽이라고 볼 수 있다. 사실 옹벽은 자연친화적이라는 개념과는 거리가 먼 인공 구조물처럼 인식된다. 하지만 오늘날 현대건축에서, 전 국토의 70퍼센트가 산으로 이루어진 국내 여건에서 옹벽 없이는 안정된 주거환경을 구축할 수 없는 만큼 적당한 범위와 안정적인 기술로 마무리하는 것이 좀 더 가치 있는 삶을 만들어내기 위해서는 기본적인 노력이 아닐 수 없다.

NATURE
NEIGHBOR
WORK
RELAXATION

구승회 × 동해주택
DONGHAE HOUSE

건축가 구승회는 연세대학교 건축공학과와 컬럼비아대학교 건축대학원에서 건축을 공부하고, 창조건축과 야마사키코리아 건축사사무소를 거쳐 현재 (주)크래프트 대표로 재직 중이다. 세종대학교 겸임교수이기도 하며 영화 〈건축학개론〉의 총괄 건축자문과 제주도 '서연의 집'을 디렉팅했다. 그는 건축에는 사람의 기억과 꿈이 고스란히 배어 있다고 생각하며, 건축물에 그것을 온전히 담아내려고 노력하고 있다.
주요 작품으로는 이태원 686 갤러리, 양평 하우스, 가평 마스터 플랜, 한남빌딩 등이 있다.

건축가 구승회

HOUSE DATA

동해주택

ARCHITECT	동해주택
LOCATION	강원도 동해시 묵호진동 126-1
PROGRAM	주거용
SITE AREA	385㎡
DESIGN PERIOD	3개월
EXTERIOR FINISHING	노출콘크리트, 목재패널
INTERIOR DESIGNER	김한석

동해의 해돋이를
우리집 거실에서 만나다

집을 지을 때 건축주가 가장 신경 써야 할 부분은 뭘까요?

건축가의 창작 의지나 철학을 존중하는 것도 중요하죠. 그러나 이보다 더 중요한 것은 이 집에 직접 살 사람들의 생활방식과 집을 통해 이루고자 하는 꿈이 잘 반영되어 있는지를 살펴보는 것이에요. 그리고 그 안에서 행복을 느낄 수 있는지도요. 이런 점들은 소소하지만 반드시 짚고 넘어가야 할 부분이죠.

점멸하는 등대의 불빛을 바라보는 주말 밤

▬▬▬ 가늠할 수 없이 깊고 아득한 바다를 이렇게 굽어볼 수 있다니, 집에서는 누리기 힘든 과분한 축복이 아닐까 싶네요.

▬▬▬ 거실에 앉아 파도치는 동해를 고요히 관조할 수 있는 것만으로도 이 집은 충분히 아름답습니다. 건축주는 주말 가족들과 이 아름다운 시간을 함께하기 위해 바다 가까이에 위치한 전망 좋은 이곳에 집을 짓기로 했죠.

코발트빛 푸른 바다에 새하얀 점처럼 박혀 있는 작은 등대 하나. 그리고 인적 드문 해변을 정원으로 둔 작은 집. 지붕이 드리우는 엷은 그늘 속에 앉아 잠시 눈을 감아보면 여름의 온기에 녹아든 바다의 짠내가 바람에 실려 온다. 그 바람에 기꺼이 홀로 취하든, 해변으로 나가 부서지는 파도를 맨발로 마중하든, 달궈진 백사장의 모래알 속에 몸을 파묻든, 이도 아니라면 선창가의 비릿한 욕지거리를 안주 삼아 달달한 술잔을 기울이든 전부 자유다. 동해주택은 바다의 이런 정취와 자유를 좀 더 가까이 두려는 건축주의 오랜 꿈에서 비롯되었다. 이 같은 바다의 꿈은 파도처럼 하얀 물거품 속으로 쉽게 사라지기도 하지만 자꾸자꾸 파도처럼 되밀려와서 어찌지 못할 그리움으로 남기도 한다.

강원도 동해시 묵호. 정영주의 시 〈어달리의 새벽〉이 그려내는 거대한 고래의 뱃속 같은 비릿하고 파닥파닥한 풍경과는 달리, 동해주택 앞으로 펼쳐진 묵호의 앞바다는 고등어의 푸른 비늘처럼 빛을 발하며 아름다운 항구의 정취를 고스란히 담고 있다. 최근에는 등대 주변의 달동네가 묵호의 또다른 명소로 떠올랐다. 이곳은 원래 철거될 예정이었으나 철거되지 않고 곳곳에 그려진 벽화로 재탄생해 묵호등대 담화마을로 거듭나게 되었다. 그야말로 그림 같은 마을이 살아 숨 쉬는 풍경이 주변에 펼쳐져 있다.

이런 변화 속에서 주변에 택지지구가 조성되기 시작할 즈음, 건축주는 광활한 동해를 눈앞에 끌어다놓은 언덕 위의 택지를 구입했다. 마음속에 묻어두었던 작은 꿈, 바닷가 근처에 작은 집을 한번 지어보자는 욕심이 발동한 것이다. 건축주는 풍요로운 주말과 여유로운 생활을 위해 동해의 광활한 자연 속에 집을 짓기로 마음먹고 건축가 구승회를 찾아왔다.

이곳을 방문한 건축가 구승회는 주위에 집 한 채 없는 허허벌판 앞에서 그저 웃고 만다. 그야말로 아무것도 없는 맨땅이다. 이런 조건은 사실 건축가에게는 양날의 검. 우선 주변에 아무것도 없으니 작은 망치질 소리에 신경질적으로 반응할 민원인도 없을 테고, 주변의 맥락을 따로 신경 쓸 필요도 없으니 말 그대로 무엇이라도 그릴 수 있는 새하얀 도화지를 한 장 얻은 셈이다. 하지만 반대로 건축가에게 주변의 조건들이란 제약이라기보다 독창적 설계의 단서나 밑거름으로 작용하는 경우도 많은데 그것이 없다니 좀 심심하고, 막막할 수도 있다. 한편 동해주택의 경우 앞으로 지어질 집들에 대한 모종의 규범과 지침을 보여주어야 하니 건축가는 보이지 않는 집들과 씨름하며 설계에 매달려야 했다. 동해주택 프로젝트는 그렇게 푸른 바다로 가득 찬 새 하얀 도화지 위에서 시작되었다.

바다를 가슴에 품은 동해주택

바다를 만나는 색다른 방법

■———— 와! 칸칸이 구획된 1층에 비해 2층은 넓은 거실이 바다를 향해 확 트여 있네요. 그래서 그런지 주변이 모두 내 것인 양 느껴져요!

■———— 그렇죠? 사실 이 집은 건축 자체보다는 바다를 향한 전망을 어떻게 가지고 들어오는지, 어떻게 바라보는지가 중점이었죠.

아무리 뻗어도 닿을 수 없는 깊이가 있다. 아무리 벌려도 품을 수 없는 넓이가 있다. 인간이 제아무리 과학과 기술을 앞세워 자연 위에 군림하고자 하더라도 그것은 한낱 미미한 발버둥일 경우가 많다. 특히 감당할 수 없는 자연을 마주할 때 인간은 그것을 더욱 절실히 깨닫게 된다. 그런 곳에서는 자기를 드러내려 하면 할수록 더없이 초라해진다. 건축가 구승회는 광활한 자연을 앞에 두고 괜한 잔재주를 부리지 않았다. 드라마틱한 땅을 만나 작품을 만들어보겠다는 과욕보다는 '이 땅이 원하는 건축이란 무엇일까?'를 고민하고, 건축주의 의견을 수용했다. '접근은 단순하게, 형태는 명확하게, 계획은 세밀하게.' 건축가 구승회의 원칙이다. 건축가는 건축주가 원한 대로 그들이 바다를 가슴에 품도록 동쪽을 최대한 열어주었다. 또한 그러면서도 좀 더 온전한 바다의 경치를 선사하고자 역발상의 사고로 집을 살짝 뒤집어놓았다. 보통의 집은 1층에 거실과 같은 공용공간을, 2층에 침실과 같은 개인공간을 두지만 동해주택은 모든 가족과 손님이 활어회 같은 생생한 바다의 풍경 속으로 빠져들 수 있도록 이를 거꾸로 뒤집어 설계한 것이다.

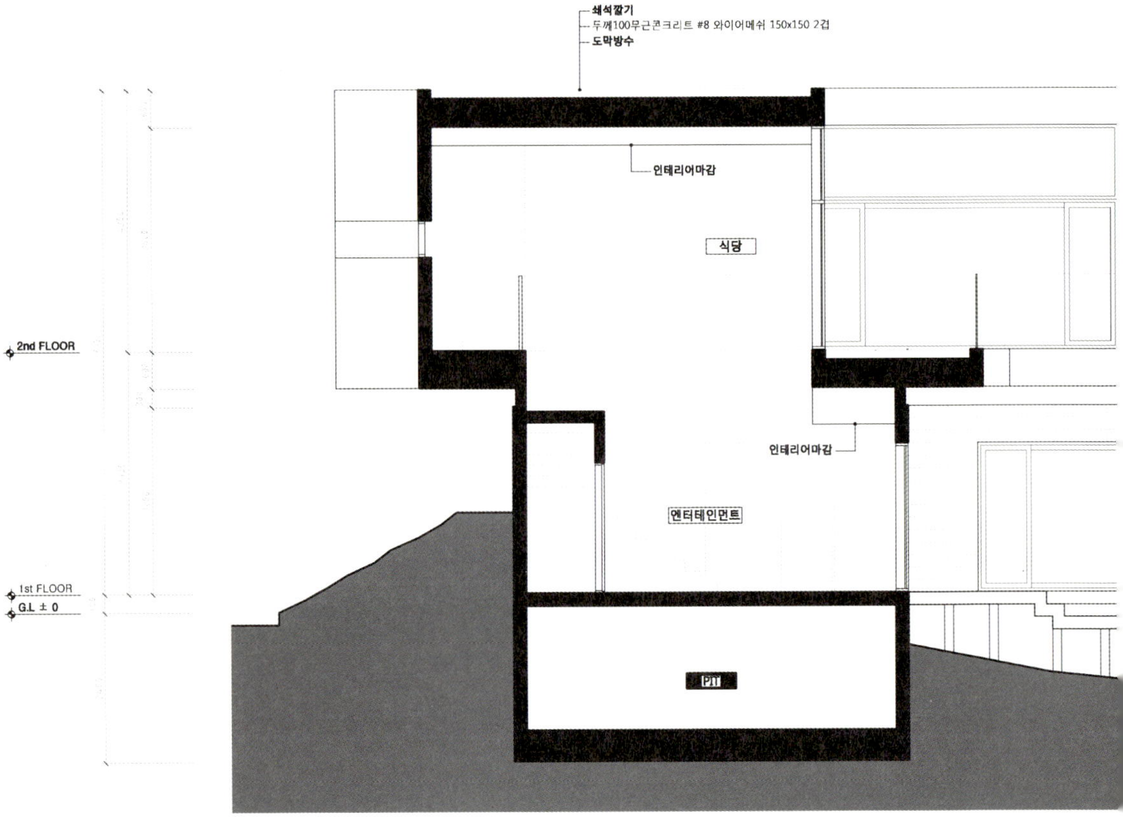

쇄석깔기
두께100무근콘크리트 #8 와이어메쉬 150x150 2겹
도막방수

인테리어마감

식당

2nd FLOOR

인테리어마감

엔터테인먼트

1st FLOOR
G.L ± 0

PIT

동해주택의 단면도 및 투시도

가족들의 주생활 공간인 거실과 부엌, 부부 침실을 2층으로 올리고, 입구에는 바로 올라갈 수 있는 작은 진입 홀과 계단을 두었다. 그러니 계단을 걸어 거실로 올라서면 눈앞에 바다가 떠오르기 시작한다.

건축가는 동해주택의 2층에 바다를 색다르게 즐길 수 있는 두 공간을 심어두었다. 첫 번째는 당연히 거실로, ㄱ자로 꺾인 집의 모양을 따라 동쪽은 모두 창을 내었다. 이곳에서 막힘없이 쏟아져 들어오는 풍광을 보고 있노라면 새어나오는 감탄사를 도무지 막을 재주가 없다. 눈앞에 펼쳐진 망망대해는 언제라도 막막한 가슴을 달래며 고달픈 속세의 일상을 위로해줄 더없는 친구가 된다. 두 번째는 바로 침실 옆의 욕실로, 밀폐된 상자 속에 자신을 밀어 넣고 새하얗게 질린 인공조명의 불빛 아래 언제나 급하게 일을 마치고 나와야 했던 아파트의 욕실과는 전혀 차원이 다른 공간이다. 도시의 관음증적 시선에서 해방된 동해주택의 욕실은 바다를 향해 보란 듯 통창을 내고 벽면을 따라 띠창을 두름으로써 어느 곳보다 밝은 분위기를 연출하고 있다. 욕조의 물속에 몸을 담그고 긴장이 모두 풀린 채 저 멀리 바다를 내려다볼 때면, 촉각과 시각, 청각과 후각이 모두 깨어나 진정으로 이 집의 가치와 의미를 깨닫게 될 것이다.

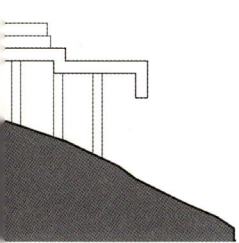

동해주택의 동쪽 입면이 이렇게 개방적인 포즈를 취하고 있는 반면, 도로에 면한 서쪽 입면은 다소 폐쇄적인 모습으로 후면의 콘텍스트와

동측 실물과 입면도

대응한다. 서쪽 입면에는 사생활 보호와 에너지 효율성을 고려하여 긴 띠창만 두었는데, 이런 형태가 내부 공간에서는 동쪽 입면의 개방성과 어울리며 쏟아져 들어오는 풍경을 받아주는 역할을 한다. 이 띠창은 욕실, 계단실, 주방을 거쳐 거실까지 이어지면서 바다에 면하지 않은 3면을 가로지른다. 이렇게 개방과 폐쇄를 오가는 벽면의 조합은

서측 실물과 입면도

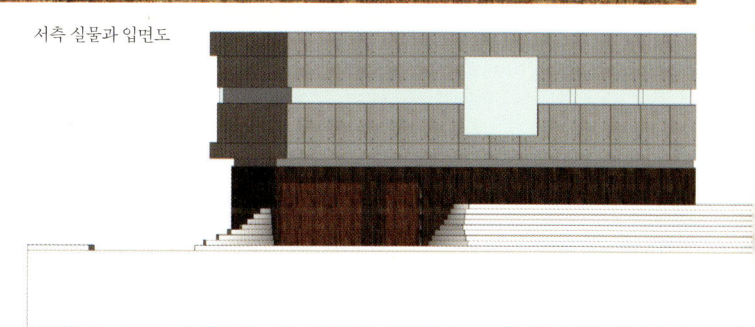

드넓은 풍경을 한곳에 모아 자연스럽게 집 안에 머물도록 만든다. 그리고 1층에는 손님방과 서재를 두어 독립적으로 사용할 수 있는 환경을 조성했다. 이곳을 방문한 지인들은 1층과 2층을 모두 오르내리며 자연을 즐기고, 자연 속에서 함께 어울릴 수 있을 것이다.

주방과 거실을 하나로 연결하여 쉴 수 있는 공간을 만들어내다

일주일에 한 번씩 들르는 갤러리

▬▬▬▬ 거실로 들어오니 갤러리 같다는 느낌이 더 강한데요?

▬▬▬▬ 수평적인 외부와 대비되는 수직적인 공간을 바로 입구에 만들어서 자연스럽게 1층과 2층을 연결했죠. 그리고 이 공간을 작은 갤러리처럼 꾸며 자연과 인공의 아름다움을 결합시켰어요.

건축가는 건축주가 일주일에 한 번씩 머물다 가는 이 집에서 바다 말고 무엇을 더 보아야 할지 고민했다. 그리고 고민 끝에 주말주택에서 가장 중요한 것은 먹고 놀고 빈둥대는 것이라는 결론을 내렸다. 그러니 그 생활을 제대로 누릴 수 있는 공간을 제공하는 것이 그에게는 중요한 책무였다. 온갖 업무가 일상에 참견하는 도시에서 벗어난 바닷가의 집에서는 그저 늘어져서 먹고 가족들과 즐겁게 이야기하는 것이 최고 아니겠는가. 거실과 주방을 하나로 크게 연결한 공간은 하루 종일 맛있는 음식을 해먹으며 게으름을 피울 수 있는 주말주택의 장점을 한껏 살린다.

구승회는 삶을 누리는 집에 마치 미술관에 온 듯한 분위기까지 더했다. 현관에 들어서자마자 보이는 갤러리 느낌의 공간은 계단을 타고 거실까지 이어지는데, 벽에 붙어 있는 그림과 바닥에 서 있는 조각들은 건축주의 애장품이다. 흰 벽을 배경으로 적재적소에 놓인 미술품으로 인해 주말을 즐기는 가족들의 삶이 한층 더 풍요롭고 아름답게만 보인다.

바다로, 공중부양!

― 멀리서 바라보니까 건물이 떠 있는 느낌이 드네요.

― 바다의 전망을 잘 끌어들이기 위해서 2층 평면을 더 크게 만들었어요. 그러다 보니 상대적으로 2층이 1층보다 커서 공중에 떠 있는 듯이 보이기도 하죠.

외부에서 바라본 동해주택은 마치 돌덩어리가 바닥에서 붕 떠 있는 것 같다. 1층은 목재로 마감한 반면, 2층은 더 무거운 노출콘크리트를 사용했고, 가분수 형태를 하고 있기에 위태로워 보이기까지 한다. 일반적

바다의 전망을 잘 끌어들이기 위해 2층 평면을 더 크게 만들었다

인 공간 구성을 벗어나 주생활 공간을 2층으로 올린 내부 구성이 그러하듯이, 구승회는 외부에서도 그런 역발상을 표현하였다. 특히 2층은 바다를 좀 더 가까이 더 많이 끌어들이기 위해 해안을 향해 5미터 정도 캔틸레버(Cantilever, 모자의 채양과 같이 한쪽만 지지되고 한쪽 끝은 돌출한 구조물 형식) 구조로 더 뻗어나갔는데 이런 불균형을 감추기보다는 아예 더 무겁고 커 보이는 재료를 선택했다. 동해주택은 묵호의 바다 풍경에 심취해 이 언덕에 닻을 내린 한 척의 나룻배이기도 하다. 집을 이렇게 과감하게 하늘로 띄우는 캔틸레버 구조는 아슬아슬해 보이면서도 중력을 거스르는 듯한 묘미가 있다. 이 구조는 자연의 흐름을 부지 안으로 끌어안을 수도 있고, 사용자의 시선과 공간감을 좀 더 확장해 나갈 수도 있다.

한편 바닷가에 위치한 터라 바닷바람에 집이 쉽게 상하게 될 것을 예측한 건축가는 아예 시간이 지날수록 빛을 발하는 원목과 중후한 멋을 갖게 되는 노출콘크리트를 사용해 집을 만들었다.

꿈을 짓는 집

── 공간 하나하나를 생활에 맞게 만드는 즐거움을 누릴 수 있다는 것이 건축이 갖는 큰 매력인 것 같아요.

── 그렇죠. 사는 사람의 의지에 따라서 아주 다양한 가능성을 열어놓는 것이 건축이 해야 하는 일 중 하나라고 생각해요.

건축주가 집을 짓기로 결심하고 건축가를 만나 자신의 꿈을 말하면 건축가는 최대한 그 꿈을 실현시켜주면서 거기에 더 큰 가능성을 더해주기 위해 노력한다. 그 과정에서 건축가는 건축주의 생활을 면밀히 살피고 또 상상하며 새로운 공간을 그의 삶에 불어넣는다.

건축가 구승회는 동해주택을 지으면서 자신이 생각하는 좋은 집, 즉 다양한 가능성을 열어놓고, 사는 사람에 의해 그 가능성들이 채워지는 집이 될 수 있도록 고민했다. 그래서 하나의 이벤트로서 식사시간을 준비하고, 1층과 2층을 관통하는 갤러리를 거닐며, 2층 테라스에 서서면 바다를 바라보는 주말의 이야기를 그려낸 것이다.

동해주택은 건축가 구승회가 영화 〈건축학개론〉에 등장하는 제주도의 카페 '서연의 집'을 설계했던 것과 무관하지 않다. 바다와 하늘을 마주하는 건축가의 겸손한 태도로부터 이 두 작품이 탄생한 것이다. 〈건축학개론〉의 바닷가 카페가 주인공들에게 그들의 삶을 반추하게 만드는 장소인 동시에 과거의 추억을 재회시키고 미래의 화해를 위한 장소였던 것처럼, 동해주택 또한 건축주에게 과거와 현재, 그리고 새로운 미래가 재회하기 위한 공간으로 작용할 것이다. 다만 차이가 있다면 동해주택은 바다를 저 멀리 아래로 두고, 더 먼 바다를 향한 무한의 응시가 기본적 태도라면 '서연의 집'은 밀려드는 파도에 두 발이 젖을 만큼 가까운 거리에서 좀 더 나지막한 목소리로 바다를 끼고 두런두런 이야기하고 있는 것이다. 어느 것이 좋고 나쁘다고 할 수는 없다. 마주한 바다의 성질과 색감, 해변의 풍경이 다른 만큼 바닷가의 집 또한 달라야 할 테니까.

'서연의 집'이 영화 촬영 후 새롭게 단장해 사람들이 찾는 명소가 된 것처럼 이제 동해주택도 이 마을의 첫 번째 집으로 동네의 분위기를 만드는 하나의 본보기가 될 것이다. 주변을 지나는 사람들의 마음은 동해주택이 그러하듯 바다를 향해 있는 이 언덕에 하나둘 정박해 갈 것이다.

ARCHITECT NOTE

바닷가에 짓는 집,
이것만은 따져보자!

동해주택과 카페 서연의 집은 각각 동해안과 제주도 연안을 옆에 끼고 지어진 집이다. 하나는 저 멀리 항구와 광활한 망망대해를 눈앞에 둔 언덕이고, 다른 하나는 한적한 해안도로를 끼고 있는 바닷가다. 인공물로 가득한 도시 환경에 집을 짓는 일이 익숙한 내게 바다는 오히려 낯선 조건이었다. 이는 설계 시 신경 써야 할 요소들이 두세 배로 늘어났다는 의미이기도 했다. 바닷바람, 소금기가 바로 그 주인공이다.

바닷가는 너른 하늘에서 들어오는 햇빛과 천공복사 때문에 도시와는 비교가 안 될 정도로 빛의 양이 많다. 상상 이상으로 햇살이 강하기 때문에 이 또한 창문의 크기를 결정하는 요인이 될 수 있다. 그렇기 때문에 전망은 집 밖으로 나가 즐기고, 작고 검박한 집 안에는 최소한의 창문으로 액자처럼 전망을 잘라 들일 수도 있었다. 하지만 최대한 큰 창을 선택한 것은 창을 활짝 열어놓고 도시에서는 느낄 수 없는 찬란한 빛으로 집 안을 채우기 위함이었다.

바다와 가까운 곳에 집을 지을 때 생기는 또 하나 문제는 염분이다. 바닷바람에 실려오는 소금기는 집을 구성하는 여러 재료 중 금속에 치명적이어서 특히 녹 방지에 신경을 기울여야 한다. 작은 나사나 연결 철물을 스테인리스 스틸 재질로 쓰는 등 염분에 강한 재료를 사용하는 대안을 고려해야 한다. 그러니 어느 정도 비용이 증가하는 것은 감안해야 한다. 금속뿐만 아니라 다른 마감 재료들의 수명 또한 내륙의 건축물보다 짧아지기 마련이다. 목재는 강한 햇살에 더 빨리 변색이 되고, 잘 숙성되지 않은 목재의 경우 비틀어져 변형이 쉽게 생기기도 한다. 이런 변형을 해결하기 위한 인조 데크 목재 등도 제품화되어 있는데 아무래도 나무 재료가 주는 따뜻한 느낌과 같은 정서적 질감이 모자라는 것은 어쩔 수 없다.

무엇을 선택하는가에 따라 얻는 것이 있으면 잃는 것이 있게 마련이다. 옳고 그른 차원의 문제는 아니다. 자신이 정말 원하는 것이 무엇인지가 가장 중요하다. 원하는 것이 결정되면 현재 가능한 모든 기술적 해결책들을 동원해서 최선의 방법을 찾으면 된다.

바닷가에 삶의 공간을 마련한다는 것은 도시의 삶과는 조금 다른 무엇인가를 찾아간다는 것일 터이다. 도심 아파트에서 생활하는 공간의 질과 동일한 편리성과 기능성을 유지하려다 보면 바닷가 집이 가질 수 있는 다른 장점들을 놓칠지도 모른다. 자연과 가까워졌다면 몇 가지는 타협할 수도 있지 않을까. 어디에 지어진 건물이든 관리 없이 백 년을 갈 수는 없다. 바닷가 주택은 주인의 애정 어린 손길이 조금 더 필요할 뿐이다.

PART 2
집 더하기 이웃
더불어 함께 살아가는 집

+

NEIGHBOR

家 + 生活

NATURE
NEIGHBOR
WORK
RELAXATION

최동규 ✕ 차경제
借景齊

건축가 최동규

건축가 최동규는 한양대학교 건축학과를 졸업하고 '현대건축의 아버지'라 불리는 핀란드 건축가 알바 알토 Alvar Aalto로부터 10여 년간 사사하면서 현대건축의 전형을 여러 각도에서 모색했다. 그는 인간의 감성을 어루만지는 공간을 창조하고자 하며, 건축의 본질을 사람이라고 믿는다.
주요 작품으로는 소망교회를 비롯한 교회 건축이 많다. 주택 작업으로는 차경제, 상도동 주택, 아천동 시퀀스, 퇴촌 주택 등이 있다.

HOUSE DATA — 차경제

LOCATION	서울특별시 종로구 평창동 566-43번지
PROGRAM	주거시설
SITE AREA	255.00㎡
DESIGN PERIOD	2005.11~2006.04
CONSTRUCTION PERIOD	2006.05~2007.01
EXTERIOR FINISHING	노출콘크리트, 목재(IPE)
INTERIOR FINISHING	바닥: 온돌마루 / 벽: 노출콘크리트,석고보드 / 천장: 석고보드

photo ⓒ 채수억

세상의 모든 경치를
탐하다

선생님, 과연 좋은 집이란 어떤 걸까요?

집은 살아갈 사람들의 소박한 소망과 참된 행복을 이루어주는 곳이죠. 그렇기 때문에 건축가는 패션쇼에 올릴 화려한 드레스보다는 평상시에 입는 편안한 트레이닝복을 만든다는 생각으로 집을 지어야 합니다. 쓸데없는 허영이 집을 망칠 수 있죠. 집주인의 고유한 삶을 편안하게 담아내는 공간. 저는 집이 그렇길 바랍니다.

천 개의 풍경을 훔치다

───── 차경제借景齊 라…… 뜻이 궁금해지네요.

───── 경치를 빌린 집이란 뜻이에요. 이 집의 창문 너머 풍경은 그야말로 완벽합니다. 산 아래 펼쳐진 요요한 도시 풍경과 주인 없는 높은 하늘을 살며시 집 안으로 끌어들인다는 발상이죠.

집 안으로 풍경을 빌려온다? 사실 성냥갑 같은 아파트에 갇혀 살다 보면 이런 것은 상상하기 어렵다. 어쩌다 잠옷 차림으로 거실을 활보할 때면 맞은편 베란다에서 빨래를 너는 아주머니와 시선이 뒤엉키고 만다. 말 한 번 섞지 않은 사이에 치부를 내보인 민망함도 잠시, 생각해보면 그나마 사람과 마주치면 다행이다. 요즘 아파트는 밀도가 두세 배로 높아져서 창문을 열면 우거진 빌딩숲이 막막하다. 콘크리트가 빽빽하게 들어찬 숲. 그럴 바에야 차라리 풍경을 막아버리고 싶은 심정이다. 하지만 북한산 자락의 평창동에 집을 짓는다면 이야기가 180도 달라진다. 예로부터 언덕이 시작되는 곳은 양반 댁이나 명문가가 있는 좋은 주거지다. 서울의 북촌, 경주의 양동마을도 그렇고, 미국의 베버리힐스와 같은 부촌도 언덕배기에 있지 않던가. 강북의 전통적인 주거지 평창동 역시 자연을 벗 삼아 시 한 수 읊조릴 수 있는 운치 있는 동네다. 이런 곳에 집 한 채 지을 수 있다면야, 산 아래 풍광을 매일 내 것처럼 즐길 수 있다면야, 김상룡의 시구처럼 기꺼이 남으로 창을 내고 말겠다.

차경제는 설계하기 전에 해결해야 할 까다로운 문제를 안고 있었다. 부지가 너무 좁고 길게 찢어진데다가 남북 방향으로 4미터 높이 차까지 있다. 그나마 다행히도 북쪽에서 남쪽으로 땅이 경사져 있으니 향向은 따로 걱정할 필요가 없었다. 도대체 이 막돼먹은 땅을 어디서부터 풀어나가야 할지 건축주는 막막했다. 집도 짓기 전에 깊은 한숨부터 쌓였다. 앞서 집짓기를 부탁받은 사람들도 차례로 고개를 내저으며 결국 손을 떼고야 말았다.

하지만 도전 정신이 강한 건축가라면 이런 땅을 보고 군침을 흘리고 입맛을 다시기 마련이다. 조건이 까다로울수록 도전 의식이 생기고 창작의 욕구는 커져간다. 그리고 이런 경우 조건을 잘만 이용하면 오히려 설계가 술술 풀리는 경우도 많다. 괜히 엄한 콘셉트를 운운할 필요가 없는 것이다. 솔직하게 풀어나가면 될 일이다.

이 땅의 주인은 건축가 최동규를 찾았다. 교회 설계로 널리 알려진 그이지만 아천동 시퀀스, 퇴촌 주택 등 몇몇 작업을 통해 집에 관한 자신의 생각을 다져가고 있었다. 건축주는 노출콘크리트 박스를 쌓아 만든 아천동 시퀀스를 보고 최동규를 찾아왔다. 사전에 작품을 살피고 건축가를 찾아올 정도로 건축주는 건축에 관심이 많았다. 이렇게 자신의 스타일을 이해하고 찾아온 의뢰인을 맞아 건축가는 팔을 걷어붙였다.

빨간 벽돌 사이에 눈에 띄는 집, 차경제

家

生活

산 위를 떠 가는 한 척의 나룻배

■━━━ 집이 살짝 떠서 마치 절벽 위 하늘로 훅 뻗어나간 느낌이에요.

■━━━ 그렇죠? 대지의 4미터 단차를 극복하기 위해 길쭉한 건물을 생각했고, 산의 흐름을 따라 자연스럽게 동네를 향해 배치했죠.

건축가는 네모난 상자 세 개를 겹쳐 올려 대지의 문제를 간단하게 해결했다. 경사면의 이점을 최대한 살리면서 분리된 덩어리들을 땅 위에 얹어 자연스럽게 하나의 집을 이룬 것이다. 문제가 복잡할수록 해법은 단순해야 함을 명쾌하게 보여준 백전노장의 한 수였다.

그리고 주변의 빨간 벽돌집들과는 대비되게 눈에 확 들어오는 나무와 노출콘크리트를 주재료로 사용했다. 만약 이 집을 하나의 재료로 지었다면 주변 집들에 비해 거대하고 지루해 보였을 것이다. 하지만 두 가지 재료로 넓은 입면을 분할하듯 나눠 사용해 아랫동네에서 올려다볼 때는 작은 규모의 집 세 채가 층층이 겹쳐 있는 것처럼 보이고, 도로에 면한 입구에서는 나무 벽에 걸려 있는 작은 콘크리트 상자 하나처럼 보이게 해 서로 다른 두 얼굴을 만들어냈다. 가볍게 떠 있는 듯 좁고 긴 집은 마치 산 위에 떠 있는 배처럼 저 먼 풍경을 향해 간다.

차경재의 내부공간

각각 그리고 함께 살기

▬▬▬ 이렇게 좁은 땅에 집을 설계할 때 무엇에 중점을 두었나요?

▬▬▬ 무엇보다 동선을 풀어내는 게 관건이었죠. 그래서 일부러 현관을 건물 중간까지 끌고 들어왔습니다. 그곳에서부터 또 계단을 만들어 집 위아래로 관통시키고 내부 공간을 크게 반으로 나눴어요.

차경제는 독특하게도 대문으로부터 진입로를 길게 끌고 들어와 집의 허리춤에 현관을 두었다. 이 현관에서부터 세 개 층을 연결하는 계단이 위아래로 이어진다. 이렇게 집의 중심에 계단을 만들어 자연스럽게 내부 공간을 양분하고, 또 층별로 세대를 나눠 '함께 살기'라는 가족 간의 문제를 해결했다. 한 집 안을 평면과 단면에서 자연스럽게 분리해, 가족들에게 '우리'라는 한 울타리를 강요하지 않고 '나'라는 개체성을 갖게 한 것이다.

이 집은 3대가 함께 살 수 있는 세대 분리형 구성으로, 노모와 성인 자녀의 독립 공간이 따로 확보되어 있다. 지하 1층에는 가족들이 모두 함께할 수 있는 거실과 주방을 나란히 두고, 1, 2층은 복도를 중심으로 양쪽 끝에 개인 구성원들의 방을 배치했다. 이 집에서 진입 동선이 가장 효율적인 1층 현관 바로 오른쪽에는 쪽창으로 따뜻한 분위기를 연출한 노모의 방이 있다. 특히 1층에 있는 손자의 방은 차경제라는 이름에 걸맞게 시원한 통창으로 평창동의 전경을 한 아름 끌어안고 있다.

멋진 도시 풍경으로 방을 채운 만큼 인테리어는 단순한 모노톤 가구를 활용해 최대한 심플하고 세련된 분위기를 연출했다.

2층에는 건축주 부부와 딸의 침실이 있다. 부부 침실에는 넓고 긴 창을 내어 평창동 전경과 북한산 자락을 8폭 병풍처럼 방 안으로 끌어들였고, 화사한 인테리어로 여유롭게 자연을 즐길 수 있는 환경을 조성했다. 딸의 방은 붉은색 가구와 소품들을 배치해 밝고 경쾌한 분위기를 연출했다.

지하 1층으로 내려가면 가족 모두를 위한 거실과 부엌이 있다. 지하 1층이라고 해서 어둡고 침침한 여느 다세대의 반지하 분위기를 상상해선 곤란하다. 사실 이 집의 하이라이트는 바로 이곳이다. 주방과 거실을 따로 구별 짓지 않고 하나로 조성한 내부 공간이 폭발한 듯 펼쳐진 평창동의 풍경과 마주하고 있다. 1, 2층의 창밖 풍경들이 멀티플렉스 상영관의 아기자기한 화면으로 느껴진다면, 바로 이곳 지하 1층의 차경은 그야말로 웅장하고 생생한 아이맥스의 화면이다. 그리고 그 밖으로 위치한 테라스는 서울의 그 어느 카페도 갖지 못한 그림 같은 풍경 위에 놓여 있다.

나를 위한 주문형 맞춤 공간

■■■■■■■ 카페에서나 볼 수 있는 아기자기한 소품으로 센스 있게 멋을 냈네요. 이 다락방에 한번 발을 들이면 도무지 떠나고 싶지가 않을 것 같아요.

■■■■■■■ 저도 오래전부터 늘 이런 공간을 꿈꿔왔지만 한 번도 가져보지 못했어요. 제가 설계했지만 이 집 딸이 너무 부럽습니다.

요즘 아이들에게 집을 그리라고 하면 대부분 아파트를 그린다고 한다. 10여 년 전만 해도 우리에게 집은 삼각 박공지붕에 연기가 모락모락 피어오르는 굴뚝이 박혀 있고, 십자 창틀이 있는 정겨운 모습이었다.

그리고 또 하나, 그곳의 지붕 아래에는 늘 다락방이 숨겨져 있었다. 이런 집에 대한 작은 소망이 차경제 맨 꼭대기에도 숨겨져 있다. 건축가가 가족 개개인마다 무엇이 필요한지 꼼꼼히 따져 물었을 때 딸아이의 마음에서는 다락방이 새어나왔다. 2층 딸 방과 연결된 다락방에 올라가면 동네가 내려다보이는 좁고 긴 창과 하늘을 향한 천창이 깊은 풍경을 머금고 있다. 한 사람 누우면 꽉 들어차는 아담하고 포근한 크기의 방. 비 오는 날 오후 잔잔한 음악을 틀어놓고 떨어지는 비를 바라보거나,

지붕 아래 숨겨진 다락방

차경제의 평면도

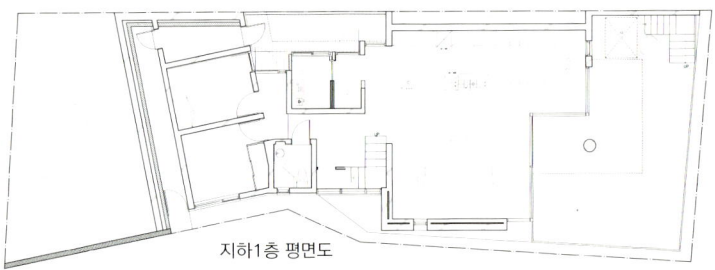

지하1층 평면도

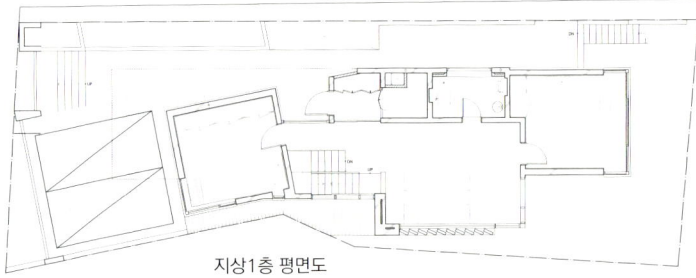

지상1층 평면도

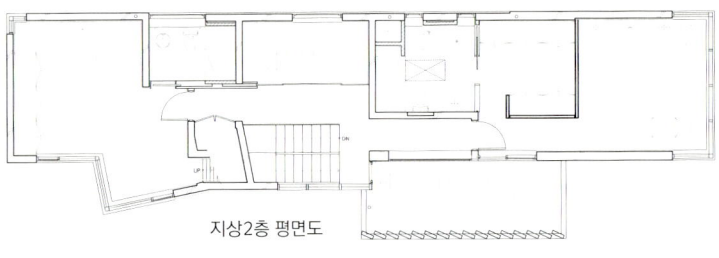

지상2층 평면도

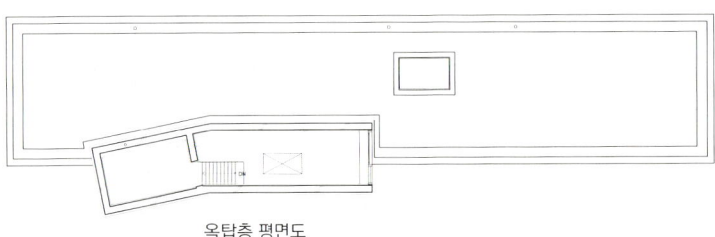

옥탑층 평면도

家 + 生活

밤하늘의 달과 별을 보다가 동네 한 번 굽어보면서 자기만의 세상을 그려가는 것이다. 이곳을 설계한 건축가마저 가장 부러워했던 곳이 바로 다락방이다. 그런 만큼 차경제의 다락방은 어렸을 적 모두가 꿈꿔 왔던 자기만의 비밀스런 공간이라는 아늑함을 갖추고 있다.

2층 계단 옆에 위치한 서재는 책을 좋아하는 아빠의 특별한 요청에 의해 만들어졌다. 평소 책을 좋아하는 아빠를 위해 건축가는 규모가 크진 않지만 투명한 유리벽으로 서재 공간을 구획했다. 벽을 유리로 만드는 것은 더 넓은 공간감을 주고, 자투리 공간을 현명하게 활용하는 방법이 될 수 있다.

또 지하 1층으로 내려가면 엄마를 위한 작은 배려가 숨어 있다. "왜 내가 이렇게 좋은 풍경과 가족들을 등지고 벽을 보면서 일해야 하지?" 엄마의 항의 섞인 문제 제기는 누가 봐도 타당했다. 하루 중 절반을 부엌에서 보내는 엄마들에게 부엌은 침실이나 거실 그 이상의 의미다. 이런 부엌에서 엄마가 일을 하며 가족들과 함께 소통할 수 있도록 건축가는 부엌을 아일랜드형으로 배치해 거실과 마주보게 했다. 하루 일과를 마치고 돌아온 남편과 아이들을 위해 식사를 준비하며 서로 얼굴을 맞대고 소소한 일상을 두런두런 이야기할 수 있다는 것은 차경제가 가족들에게 선물한 또 하나의 기쁨이다. 또 아무도 없는 시간에는 거실 밖 파노라마가 부엌에서 일하는 엄마의 눈과 마음의 피로를 덜어준다. 엄마가 가족을 한데 아우르는 중심축이 될 수 있도록 이 집의 공간 구조가 기여하고 있다.

나무와 노출콘크리트로 멋을 낸 차경제

차면 시설의 변주, 시선은 막고 경치는 흘리다

■──── 좁고 긴 이 집의 배치상 이웃집과 얼굴을 정면으로 마주하고 있네요. 어떻게 다툼 없이 이 많은 창을 낼 수 있었나요?

■──── 예상했던 대로 옆집에서는 자기 집 마당이 내려다보이니 벽을 막아달라고 요청해왔었죠. 하지만 창을 막는 대신 차면 시설을 설계해 바깥 경치와 빛은 안으로 들이고 불편한 시선은 차단했어요.

차경제는 남북 방향으로 길쭉하게 생긴 대신, 동서 방향에 이웃집이 바짝 붙어 있다. 옆집 아저씨가 잔디 깎는 모습은 물론이고, 여차하면 잔디 깎는 기계의 상표까지 훤히 보일 기세다. 그렇다고 창을 안 낼 수는 없는 노릇. 그래서 건축가는 설계 초기부터 넓은 면을 맞대고 있는 이웃 간의 프라이버시를 지켜줄 차면 시설을 고민해야 했다. 햇빛과 풍경, 대기는 받아들이고 이웃을 향한 불편한 시선은 어떻게 막을 수 있었을까?

건축가는 창에 목재 살을 살짝 기울어진 각도로 덧입혀, 보는 방향에 따라 시선의 열리고 닫힘을 조율하였다. 다시 말해 마주보는 정면의 시선은 가리고 대각 방향으로 풍경을 열어놓은 것이다. 그리고 또 다른 방법으로 대나무 조경을 활용해 자연스럽게 시선을 가리며 신비스러운 분위기를 더불어 연출

차경제의 내부 공간

최동규 ■ 차경제

했다. 목재와 대나무라는 차면 요소를 변주해 입면을 가리면서 오히려 자칫 지루해질 수 있는 벽면에 포인트를 준 것이다. 특히 대나무는 1층부터 2층까지 시각적으로 연결하는 인테리어이자 외장 효과를 준다. 그야말로 차경(借景, 풍경을 빌리다)과 차경(遮景, 풍경을 막다)의 오묘한 경계를 오가는 건축가의 완숙한 수법이다.

호텔처럼 그저 경치를 받아들이기만 하는 창의 형태보다, 내밀한 나의 삶이 보호되고 있다는 든든함을 주면서도 경치를 아껴서 즐긴다는 생각으로 창의 프레임을 구성한 것이다.

난제를 해결한 설계, 그리고 배려하는 건축

이 땅은 건축가 최동규에게 오기 전에 이미 두 차례의 설계 변경과 토목공사를 거친 터라, 그 자체의 형상을 잃고 일부는 훼손된 상태였다. 물론 처음에는 큰 고민에 빠졌지만, 건축가는 건축주가 들고 온 대지의 극히 제한된 조건을 해결하기 위해 건축주의 요구사항을 꼼꼼히 점검하고 건축적인 해결을 모색했다. 아파트의 답답함은 덜어내고 편리함만 남기고자 하는 건축주의 의견과 노모, 부부, 자식이 함께 사는 집이라는 특성을 공간 구성에서 가장 우선순위로 반영했다. 이런 작업은 결국 건축주에게 인생 최대의 만족을 안겨주었다.

최동규는 집을 설계하는 데 있어서 건축주가 이 대지에서 소망하고 있는 것들이 무엇인지 살펴보고, 지극히 개별적이고 독특한 의견들을 수렴해 최대한 반영하고자 했다. '건축은 배려다'라는 그의 말이 차경제를 보면서 특별하게 다가오는 이유다.

ARCHITECT NOTE

이웃과의 다툼 없이
창을 내는
마법의 차면기법

건축이 웬만해서 대중에게 감동을 주기 어려운 이유는 그것이 태생적으로 욕망의 집합체이기 때문이다. 즉 건축은 거주자나 혹은 그 건물의 재산가치를 통해 최대한의 수익을 올리려는 자들의 이기가 결과물에 고스란히 투영된다. 그럼에도 불구하고 주택은 비교적 그런 시각에서 조금은 벗어나 있는 듯하다.

그 이유는 주택이 모든 인간의 기초생활이 이루어지는 공간이기 때문이다. 집은 먹고 자고 배설하는 원초적인 욕망들을 일차적으로 해소하는 아주 사적인 공간이다. 다만 땅은 건축주의 사적 영역이라도, 그 위에 골조가 서고 지상으로 돌출하면서부터는 이웃의 시선이 문제가 된다. 따라서 엄밀하게 따져보면 도시 안에서는 완벽한 자유를 보장받은 대지는 없는 셈이다.

차경제에서 4미터의 고저高低 차는 주택 설계나 준공 이후에도 큰 문제가 아니었다. 이 집에 사는 모든 가족들은 좁고 가파른 땅 위의 집을 충분히 사랑하고 즐거워했다. 그러나 옆집 정원이 들여다보인다는 이유로 이웃과 마찰이 생겼다. 차경제가 위치한 평창동처럼 작은 크기의 필지가 다닥다닥 붙어 있는 지역에서는 빈번하게 발생하는 문제다.

요즘은 사생활 보호 문제가 사회적으로 점점 중요해지면서 건축에서도 이와 관련된 법과 제도가 속속 수립되고 있다. 특히 이 집에 적용된 차면기법은 이미 2008년 법적으로 규정된 내용이다. 건축법 시행령 제55조에 따르면 인접 대지 경계선으로부터 직선거리 2미터 이내에 이웃 주택의 내부가 보이는 창문 등을 설치하는 경우에는 차면 시설을 설치해야 한다.

문제 해결을 위해 이 집에도 차면 시설을 설치하게 되었다. 일반적인 차면 시설은 창틀 아래쪽에 비스듬하게 설치하거나 외부 블라인드를 거추장스럽게 덧대기 때문에 미관상 보기에 좋지 않다. 창문의 3분의 2가량을 불투명한 판으로 가려 통풍과 조망을 전혀 기대할 수 없는 가리개도 있다. 나는 이것저것 대안을 찾다가 결국 포기하고 직접 디자인해 해결하자는 결론을 내리게 되었다. 목재 살을 촘촘히 세워 개폐를 조절하고 대나무를 심어 자연을 즐기는 여유까지 더했다. 창을 가리기 전에는 사생활 침해 문제로 고소까지 당할 위기였지만 디자인으로 풀어내어 지금은 모두가 평화를 되찾았다.
보일 듯 말 듯 가린 측면 대신 빼어난 경관을 지니고 있는 원경은 집의 중심에서 활력소가 된다. 지하의 거실, 1층의 다목적실, 2층의 침실에서 보면 이 경관이 차경제에서 차지하는 비중은 가히 절대적이다. 일부러 눈길을 먼 바깥으로 향하게 만든 의도도 있다. 그러니 내부 공간의 소소함은 그야말로 압도적인 경치에 덤으로 묻히는 셈이다.
밀착한 옆집과 충돌이 일어나지 않게 가리고 막는 방법, 그러면서도 이 집만의 아름다운 풍경을 만들어 눈길을 사로잡는 방법. 그 묘안은 결국 대지 조건과 주변 환경과의 융화로부터 얻을 수 있었다. 상반된 과제를 해결해나가는 과정은 차경제 설계에서 가장 큰 즐거움이었다.

NATURE
NEIGHBOR
WORK
RELAXATION

김원기 × 지렁이집
EARTHWORM HOUSE

건축가 김원기

건축가 김원기는 국민대학교와 연세대학교 건축대학원을 졸업하고 (주)원도시건축, 정림건축을 거쳐 2001년부터 지금까지 건축사사무소 노드NODE를 이끌어오고 있다. 또한 경기도 광주시 도시경관 및 건축디자인 상임 자문위원으로 활동하고 있다.

그는 지렁이와 같은 순적인 기능의 건축을 하고자 한다. 자연과 사람, 도시와 건축, 건축과 사람, 그리고 그 경계에서 관계들이 만들어내는 것을 탐구하고 건축으로 실천하는 것이 건축가로서의 건축의 지향점이다.

주요 작품으로는 퇴촌 지렁이집, 광주지방법원 목포지원청사, 남양주 평내동성당, 청평도서관, 마음의 집, 막걸리와 바꾼 집, 평촌 베스티움타워, 푸른숲컨테이너교실, 하동 고궁호텔, 음성 가금연구소, 옥스필드클럽하우스, 바람의 어린이집 등이 있다. 지렁이집은 2013년 농어촌건축대전에서 준공부문 본상을 수상하였다.

HOUSE DATA — 지렁이집

LOCATION	경기도 광주시 퇴촌면 원당리 346
PROGRAM	단독주택
SITE AREA	660㎡
DESIGN PERIOD	2009.10~2010.03
CONSTRUCTION PERIOD	2010.05~2010.12
EXTERIOR FINISHING	대리석, 고밀도목재패널, 징크
INTERIOR FINISHING	수성페인트, 온돌마루

photo ⓒ 이재성

원당리 지렁이들의
희희낙락 러브스캔들

건축가 김원기가 생각하는 <mark>좋은 건축</mark>은 무엇인가요?

어디서나 볼 수 있는 '뻔한' 집보다는 '펀fun한' 즐거움이 느껴지는 공간이 바로 제가 지향하는 것입니다. 즐거움이야말로 좋은 건축을 만드는 양념과 같다고 할 수 있죠. 머리에 쥐 나듯 어렵고 고상한 예술적 개념보다는 건강한 유머와 위트가 공간을 지배해야 생활에서 기쁨과 행복을 더 많이 느낄 수 있다고 생각해요.

두 마리의 지렁이에서 모티브를 얻어 창조해낸 지렁이집

건축가 김원기가 그린 아이디어 스케치

지렁이들의 19금 러브스토리?

■──── 지렁이 두 마리가 집을 이루고 있는 건가요? 왜 하필 지렁이인가요? 징그러운데…….

■──── 사실 지렁이는 징그러운 생김새와 달리 땅을 기름지게 만드는 아주 이로운 동물이에요. 이 집은 웅크리고 있는 크고 작은 지렁이 두 마리가 진한 사랑을 나누는 장면을 적나라하게 형상화해 재미있는 공간들을 만들고자 했습니다.

지렁이란다. 그의 설명에 따르면 큰 지렁이와 작은 지렁이가 서로 눈이 맞아 진한 사랑을 나누는 장면을 집으로 표현한 것이고, 게다가 이미 그 사랑의 결실(?)까지 얻었단다. 건축가의 말을 듣고 보니 그런 것도 같다. 이게 도대체 무슨 말인가! 황당하기 이를 데 없는 지렁이 타령이다. 하지만 난데없는 지렁이 이야기를 듣고 있노라면 건축가의 이야기와 그 집의 매력 속으로 묘하게 빠져들고 만다. 건축가의 이런 은유와 설명이 없었더라면 그저 이 집은 '노란 대리석과 붉은 고밀도 목재패널, 푸른 아연판을 사용한 2층 규모의 비정형 주택' 쯤으로 심심하게 묘사됐을 것이다. 건축가가 이 집을 위해 그린 한 장의 스케치와 이야기로부터 이 집의 생김새는 새로운 이야깃거리를 얻게 되었다.

이처럼 건축가들은 집을 설계할 때 가끔 하나의 은유 혹은 직유를 갖고 출발하기도 한다. 판타지와 몽상으로부터 집에 살 사람들의 환경이 구체화되기도 하고, 독특한 사물과 이미지를 모티브로 공간이 형성되기도 한다. 잘만 하면 '유치하다'는 혐의를 벗어나 무한한 독창성을 얻을 수도 있다. 스페인의 천재 건축가 안토니오 가우디가 대표적이다. 어디 한 곳 직선으로 쭉 뻗은 곳이 없는 그의 건축은 굽이치는 곡면으로 세기의 걸작을 만들어냈다. 하지만 그가 이런 형상을 동물의 뼈와 생선 비늘, 뿔 등에서 착안했다는 것을 아는 사람은 그리 많지 않다. 꼭 이런 형태의 은유가 아니더라도, 건축물은 사실 그 자체로 하나의 생명체와 같다. 기둥과 같은 건물의 구조는 인체의 뼈대에 해당하고, 건물의 입면은 우리의 피부, 얼굴과도 같다. 그 안에는 전기, 냉난방, 급배수, 기계 설비 등이 핏줄처럼 얽혀 인간의 생활을 가능하게 만든다. 어쩌면 건축가 김원기는 땅에 뿌리를 내린 건축을 골몰히 생각하던 중에 아주 직설적이면서도 장난스럽게 지렁이를 떠올리게 된 것은 아닐까?

땅의 용, 지룡地龍(지렁이 이름 유래 중 유력한 설)이는 암수 한 몸인 환형동물로 교미기에는 두 마리가 짝을 짓는다. 그리고 흙을 헤집고 다니며 공간에 틈을 만들어 산소와 영양분을 땅속에 공급한다. 이는 땅에 찰진 윤기가 돌게 하며 새로운 생명이 움틀 수 있게 하는 토대가 된다. 결국 우리는 모르는 사이에 낚시의 미끼 정도로만 간주하던 녀석들의 덕을 톡톡히 보고 사는 셈이다.

건축가 김원기는 자신이 살 집을 지으면서 이 지렁이를 메타포로 건축적 형상을 이루어냈다. 경사지 위에 적당히 몸을 얹은 큰 지렁이는 양평으로 흘러가는 경안천을 바라보고 있다. 그 꼬리 밑으로 작은 지렁이의 머리가 있고, 작은 녀석의 꼬리는 큰 지렁이의 목덜미쯤에 다리로 연결된다. 꼬리에 꼬리를 무는 집은 뽀얀 얼굴과 꿈틀대는 모양 덕분에 이미 동네의 명물이다.

집 곳곳에서 지렁이의 생동감을 느끼다

사실 말이 지렁이 두 마리지, 그 덩어리감은 승천하는 용처럼 묵직하다. 집의 대문에서 바라보면 가분수 머리가 하늘 위로 동동 떠 있다. 그러나 집 안으로 들어서면 밖에서 느껴지는 으리으리한 규모가 금세 잊힌다. 큰 지렁이 뱃속에는 부엌과 거실 그리고 아이 방이, 작은 지렁이 뱃속에는 부부 침실과 손님방이 놓여 있다.

현관에 들어서면 가장 먼저 숨겨져 있던 마당과 복도를 만난다. 경사지 위에 놓인 집답게 왼쪽의 식당과 거실이 계단으로 구획되어 이어진다. 또 현관 오른편 계단으로 아이들 방이 이어져 있다. 복도 오른쪽 끝은 안방과 부부 침실로 연결된다. 이렇게 복도와 계단으로 곳곳이 이어진 집을 걷다 보면 지렁이 몸속 어딘가를 탐험하는 기분이다. '여기는 지렁이의 대가리쯤 될 것이고, 저기는 꼬리쯤 되겠지?' 집 안의 벽과 천장은 꿈틀대는 지렁이의 생동감이 그대로 전달될 수 있게 다양한 각도로 기울어지고 꺾여 있다. 몸을 오므렸다 폈다 하며 기어가는 지렁이의 율동감 있는 움직임이 그대로 느껴진다.

지렁이집의 내부 공간

땅 속의 아늑함을 지상으로 꺼내다

— 밖에서는 집이 꽤 거대해 보였는데 집 안은 참 아늑한 느낌을 주네요.

— 집에 사는 사람들에 맞는 폭과 높이를 갖는 공간이기 때문에 지렁이가 사는 땅속처럼 심리적으로 아주 편안합니다. 최적의 공간에서 또 다른 느낌을 만들어내는 것이 좋은 건축이라는 개인적인 생각과도 연결되는 부분이지요.

방들이 ㄷ자로 집의 중정을 둘러싸고 있어 안정감을 준다. 그리 높지 않은 천장과 넓지 않은 폭이 만드는 공간의 아늑함은 제 몸에 맞는 옷처럼 편안하다. 역동적인 벽의 움직임을 흰색으로 받아내어 중성화했고, 집 안 전체 바닥에는 어두운 목재를 사용해 통일감을 주었다. 따뜻한 느낌의 목재와 자연에 가까운 갈색 계열의 색상은 가구와 인테리어 소품에 공통적으로 적용된 사항이다. 특히 아담한 크기의 부부 침실은 산림욕 효능이 있는 편백나무로 벽과 천장을 마감해 명상을 하고 숙면을 취할 수 있는 기능성 침실로 만들었다.

이 집이 지렁이집이라 불리는 이유는 비단 형태와 건축가의 스토리텔링 때문만은 아니다. 실제로 이 집은 땅과 태양으로부터 에너지를 얻는다. 지렁이가 땅을 헤집고 들어가서 에너지를 발생시키듯, 이 집은 땅속 130미터 깊이에서 연평균 13~18도를 유지하는 지하수를 끌어올려 냉난방에 사용하는 지열 보일러를 활용하고 있다. 또한 태양광 패널을 달아 친환경 발전을 사용하고 있다. 지렁이집 이름에 걸맞은 친

나무 데크로 만든 중정이자 무대

132

환경적인 삶이 바로 이런 모습 아닐까.

그리고 이 집은 아직 성장 중이다. 아이들 방을 따라 나가면 널찍한 테라스가 나오는데, 이곳은 주변 산과 호수의 근사한 풍광을 감상하는 장소지만, 이후 증축을 위해 남겨둔 공간으로 지렁이가 무럭무럭 자라날 수 있는 여지를 남겨둔 것이기도 하다.

공간은 하나, 용도는 천차만별

다양한 각도로 꺾여 역동적인 움직임을 갖는 벽체와 계단과 복도로 이어진 동적 공간은 집에 큰 활력을 불어넣는다. 대부분의 동선은 중정을 둘러싸고 연결되어 다채로운 움직임이 크게 열린 창문 건너편의 사람에게 있는 그대로 보인다. 아이들이 학교에 가기 위해 계단을 쿵쾅거리며 서둘러 내려오고, 아빠가 책을 들고 다리 위를 걸어가고, 엄마는 부엌에서 거실로 손님맞이 차를 내오고, 동네 주민들은 어느새 중정에 옹기종기 모여 수다를 한참 떨고 있다. 삶의 단면들이 이 집 안팎으로 이웃과 공유된다.

집 밖에서 보면 나무와 대리석으로 꽉 막혀 있어 폐쇄

단면도

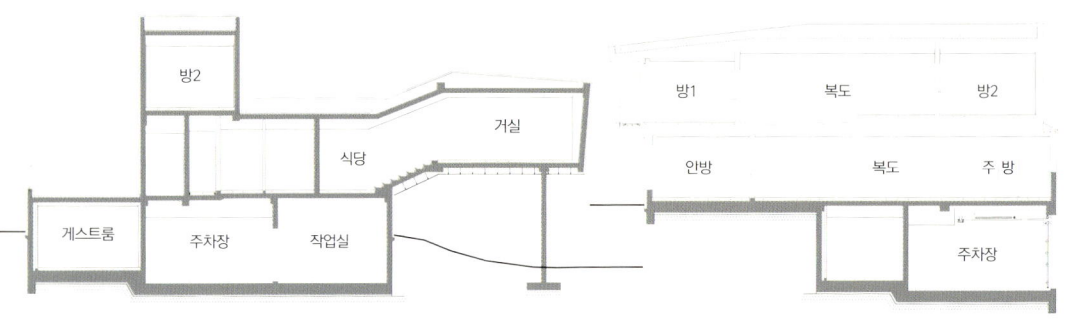

지하 평면도와 1층 평면도

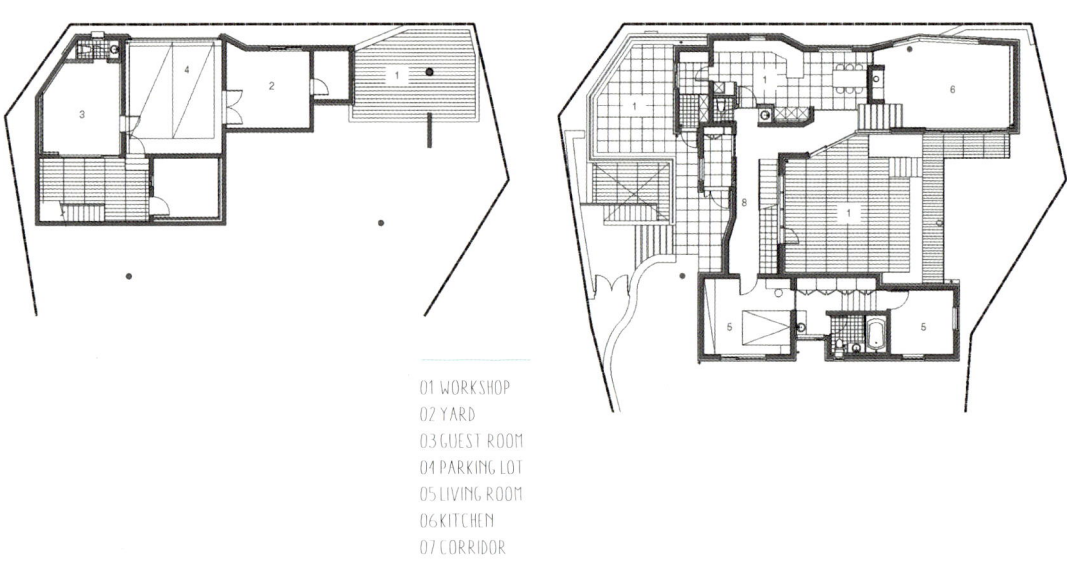

01 WORKSHOP
02 YARD
03 GUEST ROOM
04 PARKING LOT
05 LIVING ROOM
06 KITCHEN
07 CORRIDOR

적이라는 인상을 주지만, 안으로 들어와 보면 그 어느 집보다 활짝 열려 있는 개방성에 감탄하게 된다. 특히나 중정을 거쳐 산을 향해 난 유리창은 자연과의 소통까지도 가능케 한다. 건축가 김원기는 사람들이 움직이는 길과 눈으로 보는 길을 내어 자연과 사람, 가족과 이웃이 마주치고 부딪히게 만들어 소통을 이끌어냈다.

━━━ 캐노피는 어떻게 사용하고 계세요?

━━━ 계절에 따라서, 쓰는 사람에 따라서 용도가 천차만별이에요. 책 읽는 서재가 될 때도 있고, 어쩔 땐 아내의 잔소리를 피해 머무는 대피소죠. 아이들에게는 자연 속에서 자존감을 형성할 수 있는 독립적 공간이 되죠. 또한 전나무 숲의 좋은 기운을 받을 수 있는 이 집의 명당이기도 해요.

큰 지렁이 머리 부분인 거실을 나와 작은 지렁이 등 위로 이어지는 다리를 건너면 두 지렁이의 사랑의 결실인 캐노피가 있다. 가로, 세로 3.3미터의 빈 공간은 캐노피로 햇빛만 가려두었다. 이곳은 가족구성원이 돌아가면서 각자 필요할 때마다 나름의 목적으로 사용한다. 그 용도는 쓰는 사람의 몫. 집 뒤편 전나무 숲에서 뿜어져 나오는 피톤치드 산림욕을 즐기는 대청이 되었다가, 조용히 책을 읽는 서재도 된다. 또 중정에서 음악회가 열리면 이곳은 바로 VIP석이 된다. 자칫 잉여 공간으로 덩그러니 남을 수 있었던 곳에 집주인의 센스를 더해 활용도 200퍼센트의 공간으로 재탄생시킨 셈이다.

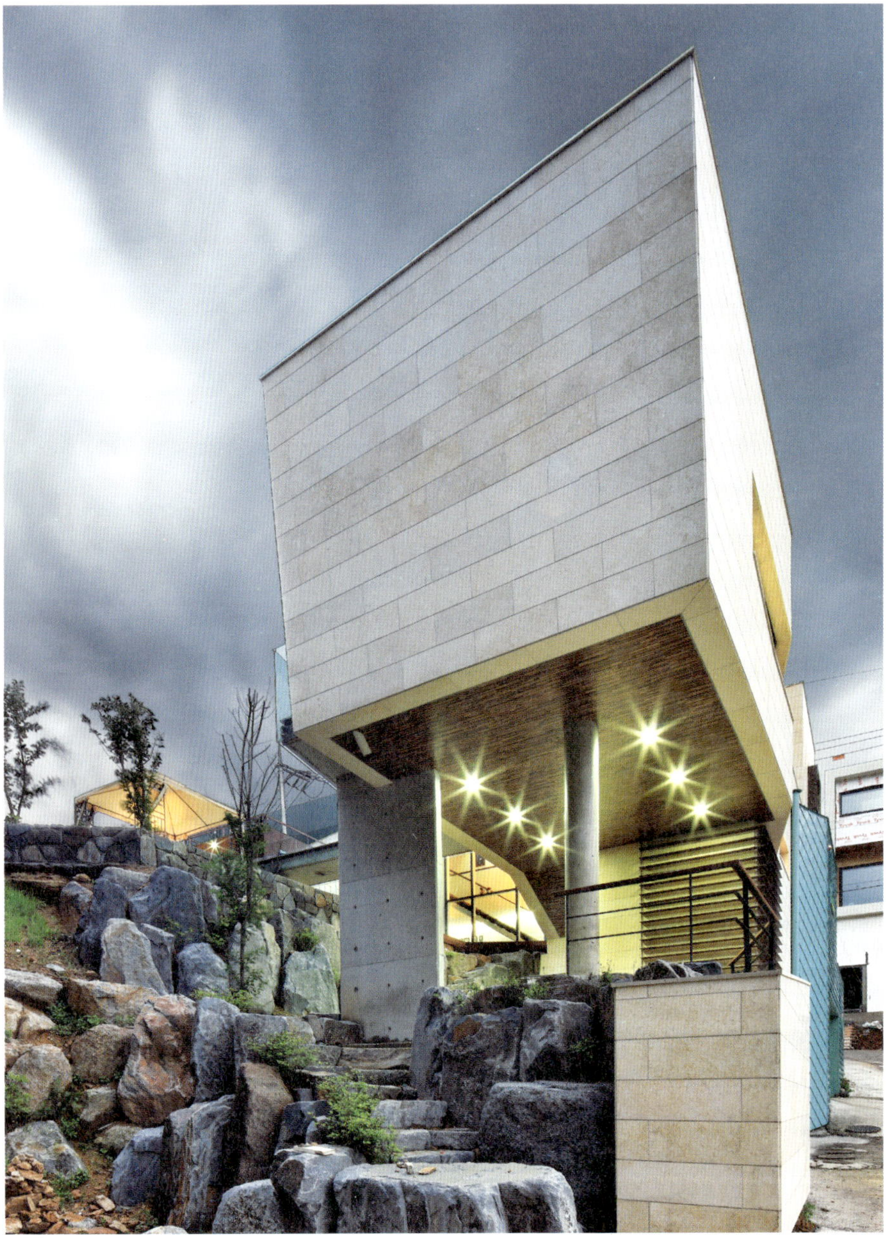

이웃과 가족, 가족과 개인이 다양한 공간에서 다른 모습으로 소통할 수 있는 공간을 만들다

家 + 生活

가족과 이웃, 함께 즐기다

———— 담이라고 하기 민망할 정도의 낮은 벽으로 경계만 살짝 구분했을 뿐, 마당이 열려 있어서 옆집하고도 굉장히 소통이 잘 될 것 같아요.

———— 지렁이집은 공동체를 이루고 사는 주민들이 지나가다가도 들러서 와인도 한 잔하고, 즐겁게 이런저런 이야기를 나눌 수 있는 만남의 장소입니다.

대안학교인 발도르프 학교가 있는 푸른숲 공동체 마을. 지렁이집이 위치한 곳은 바로 이 마을 초입이다. 맹모삼천지교라고 하지 않았던가. 두 아이의 교육을 위해 부부는 대안학교를 택했다. 그리고 30년간의 아파트 생활을 접고 그토록 염원하던 새로운 삶을 시작하기 위해 이 동네로 이사 왔다. 학교를 매개로 형성된 마을이기에 자연스럽게 공동체를 이루었고, 그렇기에 이미 이곳에 모인 사람들은 마음을 내어놓은 친밀한 이웃들이다. 여기다 건축가 김원기는 사유 공간인 집의 한 귀퉁이를 내어 공동체를 위한 공개공지를 조성했다. 큰 지렁이가 버

지렁이집의 측면과 정면

쩍 고개를 든 그 아래의 빈 공간, 필로티(pilotis, 근대건축에서 건물 상층을 지탱하는 독립기둥으로, 벽이 없는 일층의 주열을 말한다)와 현관 오른쪽 손님방의 지붕은 학교 사람들이 바자회나 학부모 모임을 할 수 있도록 배려한 것이다.

푸른 숲 마을 이야기가 피어나는 집

──── 와! 여기가 중정이군요.

──── 큰 지렁이와 작은 지렁이가 만나 탄생한 공간입니다. 중정이자 무대이고, 주방과 연결된 식사 공간이기도 하죠. 여름엔 손님맞이에 제격입니다.

중정과 잔디 마당은 지렁이집 가족들이 마을 주민들과 함께 즐거운 시간을 나눌 수 있는 사교의 장이다. 나무 데크로 단을 만들어놓은 중정에서는 작은 전시회나 마을 음악회가 언제라도 열린다. 이런 축제가 열리면 집주인은 손님들에게 캐노피와 브릿지를 관람석으로 제공한다. 또한 안방과 부부 침실 뒤편에 자리한 잔디 마당은 부부가 오붓하게 차를 마시는 공간이다. 그러면서도 담이 없어 지렁이집을 지나는 이웃 주민들을 손짓으로 불러 맥주 한 잔 나눌 수 있는 주점이 되기도 한다.

지렁이집은 집과 땅에 관한 생각, 흙으로 향하는 감성, 땅에 사는 지렁이의 특성이 만들어낸 집합체다. 건축가는 농담처럼 돌직구를 던진다. 정말 지렁이집이라고. 그는 늘 가벼운 농담을 즐기는 사람이다. 하지만 누군가의 말처럼 그 가벼움은 절대 단순한 가벼움이 아니다. 삶을 가득 메우고 있는 고단함보단 얼마 안 되는 여백의 한가로움을 찾아내는 사람만 가능한 가벼움이다.

건축가 김원기는 장난기가 가시지 않는 입매를 씰룩이며 어디 재밌는 거 없나 하며 두리번대는 소년 같다. 지렁이집은 이런 그가 어린 시절을 추억하며 꿈꿨던 흙에 대한 소망이자 향수일 것이다. 유쾌한 지렁이집은 가족과 마을 공동체를 생각하는 마음으로 만들어졌고, 자연과 가족과 이웃을 향해 활짝 열려 있다. 그리고 지렁이처럼 이 집의 가족과 마을 공동체가 함께 싹을 틔울 수 있는 양분을 마련하는 역할을 톡톡히 하고 있다.

ARCHITECT NOTE

자연이 아낌없이 주는
에너지를 현명하게
활용하는 방법

건축은 외부 세계와의 일차적 경계이다. 그중에서도 주택은 가족의 관계를 물리적으로 표현하는 장치이기도 하다. 나는 건축가로서 땅과 집, 사람과 자연의 관계를 탐구하고 건축으로 실험한다. 지렁이집을 설계할 때 이런 시도의 연장선상에서 자연 에너지를 현명하게 사용하는 방법을 고민해보았다. 그 결과 외벽 단열을 강화하고, 지열 보일러와 태양광 패널을 사용하기로 했다.

외벽 단열 강화는 에너지 절약 주택인 '패시브 하우스' 개념에서 가장 기본적인 요건이다. 단열을 강화하면 겨울에는 집 안의 열이 밖으로 새어나가지 않고, 여름에는 외부의 열이 집 안으로 들어오지 않는다. 지렁이집은 법규상 기존 외벽 단열재 두께 기준 120밀리미터보다 30밀리미터 두꺼운 150밀리미터를, 지붕 외부는 기준인 180밀리미터보다 120밀리미터 두꺼운 300밀리미터로 시공했다. 그래서 한여름, 한겨울에도 높은 단열 성능을 체감할 수 있다.

지열 보일러는 지열 히트펌프 시스템으로 지열을 직접 이용하는 기술이다. 미국 에너지자원국은 이 시스템을 활용했을 때 지역에 따라 17~42퍼센트에 달하는 에너지 소비량 절감 효과가 있다고 연구 결과를 밝혔으며 미국 환경보호국은 현존하는 냉난방기술 중에서 이 시스템의 효율이 가장 높은 것으로 공인했다. 국내에서는 신재생에너지인

지열 에너지의 우수성을 인정해 2012년 준공된 서울시 청사에도 지열 히트펌프를 적용했으며, 에너지관리공단에서는 17.5킬로와트(5RT) 이하의 주택 설비 공사를 지원하고 있다. 지렁이집은 130미터 아래에서 연평균 13~18도를 유지하는 지하수를 순환시켜 1층 면적 50평 정도를 냉난방한다. 초기 투자비는 기존 설비 공사비의 세네 배인 2,000만원 정도이지만 장기적으로 봤을 때는 비용 절감 효과가 있다.

태양광 발전은 태양전지를 부착한 패널을 펼쳐 빛을 전기에너지로 전환하는 방식이다. 지렁이집은 옥상에 태양광 발전 패널을 설치해 3킬로와트의 전기를 생산할 수 있도록 계획했다. 단, 태양광 발전을 이용하려면 먼저 패널을 설치했을 때 빛을 온전히 받을 수 있는 조건인지를 따져봐야 한다. 패널 위에 그림자가 조금이라도 지면 발전 효과가 대폭 줄기 때문이다. 일반적으로 태양광 발전 설비의 수명은 15~20년이다. 에너지관리공단에서는 가정용 태양광 발전 설치 시, 3킬로와트 이하에 대해 지원해주고 있다.

위의 세 가지 방법은 푸른색 징크나 옐로우 대리석, 브라운 고밀도 목재 패널로 마감한 그림 속의 집과는 다소 거리감이 있어 보이는 매우 현실적인 해결 방안이다. 그러나 건축의 미학적 가치를 추구하는 것만큼이나 중요한 것이 실생활에서의 에너지 절약과 운영 효율성이므로 건축가의 입장에서는 당연히 고려해야 하는 부분이다. 특히 에너지관리공단 신재생에너지센터는 주택 지원 사업의 일환으로 태양광, 태양열, 지열, 소형풍력, 연료전지 등 신재생에너지원의 주택 설치에 일부 정부 보조금을 지급하므로 참고하는 것이 좋다. 앞으로 주택의 에너지 사용 관련 이슈는 더욱 더 확장될 것으로 예상되므로 건축가뿐만 아니라 건축주도 관련 내용을 숙지하고 현명하게 선택할 수 있어야겠다.

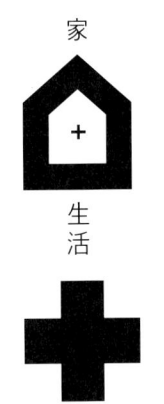

家
生活

NATURE
NEIGHBOR
WORK
RELAXATION

구승민
×
초향루
草香樓

건축가 구승민

건축가 구승민은 목원대학교 건축학과를 졸업하고 아람광장에서 실무경험을 쌓았다. 현재 스튜디오 꾸씨노Studio Koossino를 운영하고 있으며 배재대학교, 인덕대학교 실내건축디자인과 겸임교수로 재직 중이다. 그는 인간과 인간 사이의 심성이라는 작은 소통에서 건축의 진정성을 찾고자 한다.
주요 작품으로는 효재, 솔리드 호텔, 살림출판사 사옥, 한스갤러리, 노랑갤러리, 성북동 미 대사관저, 산다화원, 단양루, 정정루, 청경루, 초향루 등이 있다. 일본 동경 U갤러리와 SPACE/ANNEX에서 여섯 번의 큐빅드로잉 전을 기획, 전시했고, 큐빅크로키를 화두로 건축 작업을 진행하고 있다.

HOUSE DATA

초향루

LOCATION	경기도 용인시 고기동 567-8
PROGRAM	단독주택
SITE AREA	610.66㎡
DESIGN PERIOD	2010. 01~2010. 03
CONSTRUCTION PERIOD	2010. 05~2010. 09
EXTERIOR FINISHING	포천석 판재, 백페인트글라스
INTERIOR FINISHING	메이플 플로링, 코리안 페인트

photo ⓒ 이재성

단아한 풀 향기로
단단한 집을 엮다

건축가 구승민의 <mark>건축 철학</mark>을 한마디로 정의한다면 뭘까요?

인간에게 인격이 있듯, 저는 자연이나 건축에도 그것들만의 심성이 있다고 생각해요. 그렇기에 건물을 지을 때 인간, 자연, 건축의 관계 맺음과 각각의 사이를 존중하기 위해 노력합니다. 그것이 제 건축 철학이에요.

건축가, 땅의 향기와 흙의 감성을 읽다

―――― 초향루는 어떤 향기를 품은 집인가요?

―――― 부지를 처음 방문했을 때 폐부 깊숙이 파고들던 강렬한 풀 냄새를 저는 아직도 잊을 수 없습니다. 초향루는 이름 그대로 이 풀 향기를 간직하겠다는 생각으로 지은 집입니다. 그러니 무엇보다 초향루는 사시사철 다채로운 정원의 향기를 간직하고 있습니다. 거기다 다실로부터 새어나오는 구수한 차의 향기, 열린 창을 통해 사방에서 들어오는 빛의 향연과 저 멀리 광교산까지 퍼져나가는 공간의 감각까지 이 집의 향기로 치환될 수 있지요.

한 쌍의 젊은 남녀가 축복의 팡파르 속에 새하얀 웨딩마차에 오른다. 달콤한 신혼의 꿈에 젖어 한평생을 굳게 약속하지만, 그런데 이걸 어쩌나. 꿈은 짧고, 생활은 길고도 험하다. 아이들을 낳고 인생의 황금기를 헌납해 정신없이 살다 보니 어느새 자식들은 하나둘 짝을 찾아 떠나고, 쉰 살이 넘어서야 다시 부부는 호젓이 둘로 남게 되었다. 초향루의 두 건축주 또한 마찬가지였다. 하지만 그들에게 자식들이 떠난 빈자리는 새로운 삶에 대한 가능성과 꿈으로 대신 채워졌다. 부부는 여생을 보낼 보금자리를 짓기로 결심했다. 살기 편한 집, 세련되고 현대적인 집, 그러면서도 차를 즐기는 부부를 위해 아늑한 다실이 마련된 집. 부부는 수년간 여러 건축물을 답사하면서 마음속에 그려둔 이상적인 집을 찾아 헤맸다. 그러던 중 건축가 구승민이 설계한 단영루를 보고 마음의 결정을 내린다. 부부는 건축가 구승민을 찾아가 집에 담고 싶은 그들의 소망을 한껏 풀어놓았다.

설계를 의뢰 받은 건축가는 부지를 찾았다. 도시의 치열한 속도와 소음에서 벗어나 여유로운 느린 걸음을 갖게 하는 곳, 경기도 용인시 고기동 단독주택단지. 이미 이곳에 세 채의 주택을 지은 전력이 있음에도 그는 이 부지에 처음 왔던 그날을 잊지 못한다. 동네 텃밭으로부터 올라오는 풋풋한 흙냄새와 풀 냄새가 예술적, 문학적 감성으로 그득한 그의 우뇌를 깊숙이 자극했다. 건축가이자 네 권의 시집을 펴낸 시인이기도 한 그의 코끝에 진한 향기가 맴돌고, 그는 향기가 불러일으키는 공감각적 심상을 한 편의 시로 남긴다. 비탈진 땅 위에 서서 주변을 둘러싼 바라산, 백운산, 광교산을 바라본다. '그래! 원경인 주변 산세를 배경으로 이곳에 한 폭의 수묵화를 그려보자. 근경으로 마당에 소나무를 둘러 향기를 가두고 산꽃과 들꽃을 심어 작은 풍경을 만들어보자.'

초향루

무심한 풀이 하염없이 나린다
그 향기 속에 걸터앉은 하늘은
보챌 줄 모르는 그리움이 된다

아직 살내음 풋풋하여

그깟 세상살이
너털웃음 조아리면
그새 인자한 인정을 품는다

천성이 선한 그곳으로
몰려드는 산새와 구름과 별도
무던히 견디어온 풀향기에
멋쩍은 인사만 남기고 떠돈다

— 건축가 구승민이 초향루 설계를 앞두고 쓴 시

이 동네 집들이 대부분 그러하듯, 경사지를 따라 총총히 박힌 집들은 저마다의 산과 하늘을 담은 뜰을 가지고 있다. 건축가 구승민도 자연의 향기를 직관적으로 담기 위해 정원과 뒤뜰에 심혈을 기울였다. 잘 가꿔진 정원은 내 집을 꿈꾸는 많은 사람들이 한 번쯤은 가져봤을 법한 로망이다. 실상 봄에는 가지치기, 여름에는 벌레 퇴치, 가을에는 낙엽 쓸기, 겨울에는 옷 입히기 등으로 사계절 내내 주인의 부지런한 손길이 필요하지만, 또 그만큼 애착은 커지고 점점 '내 집'이 되어간다.
우리나라 정원에서 가장 인기 있는 조경수는 단연 붉게 굽이치는 줄기와 사시사철 푸른 잎이 빛나는 소나무다. '남산 위에 저 소나무'는 민족의 기상과 강인한 의지의 상징으로 애국가에도 등장하지 않았던

가. 초향루도 역시 곳곳에 심긴 소나무가 밝게 빛나는 집과 조화를 이룬다. 그러면서도 마당은 부부의 취미와 정성이 묻어나는 작은 산꽃과 들꽃으로 아름답게 가꾸어져 있다. 거실 같은 내부 공간보다는 주로 마당을 거닐며 정겨운 대화를 나누고, 틈틈이 풀과 꽃을 돌보며 청량한 하늘 아래 자연과 호흡하는 노부부의 일상은 보다 적극적인 삶의 태도가 무엇인지 보여주고 있다.

평범한 주택을 특별하게 만든 허리띠

─── 띠 하나가 건물 중간을 휘감은 모습이 무척 인상적이네요.

─── 네, 1층과 2층 사이에 가벽을 길게 설치해 볼륨의 일체성을 강조했습니다. 멀리서 보면 마치 종이가 날아가는 듯한 날렵한 느낌을 주죠? 백페인트글라스라 불리는 가벼운 느낌의 채색유리를 사용했는데, 이는 주로 내장재로 많이 사용되는 재료예요.

초향루는 비탈지에 위치해 있기 때문에 아늑한 마당을 온전히 확보하기 위해 한 층 높이의 기단을 아래에 두어야 했다. 그러면서도 건축주의 연령을 고려해 진입 동선을 간소화시키고, 더불어 자연과

초향루 현관부

넓은 정원을 갖춘 초향루 전경

교감하며 음미할 수 있는 공간을 구축해야 했다. 초향루는 허세를 털어버리고 풀밭 위에 가장 편한 자세로 누워 남쪽 먼 산을 바라봄으로써 이 까다로운 문제를 해결했다. 북쪽 옹벽을 따라 ㄱ자로 가늘고 길게 육면체를 두어 땅 위에 얹고 복도로 길게 이어놓은 간단한 형태다. 기본적으로 하나의 육면체 안에는 하나의 영역이 있다. 하지만 의외로 정원에서 바라보면 마치 한 덩어리처럼 느껴진다. 그것이 바로 건물 중간에 설치한 가벽의 효과다.

이 집의 ㄱ자 형태와 1, 2층을 하나로 묶어내는 것은 허리띠처럼 보이는 가벽이다. 본모습은 비록 화강암을 붙여 마감한 평범한 2층 규모의 단독주택이지만 과감한 선으로 그려낸 띠를 한 번 둘러주니 특별한 맵시를 갖게 되었다. 범상치 않은 건축가의 일획에 동네의 다른 주택들과는 시각적으로 확연한 차이를 두고 도드라지게 되었다. 평범한 패션이라도 허리띠 하나 잘 두르면 확 달라지는 것처럼 말이다.

이 가벽은 2층 발코니의 난간 역할을 하면서도 사선으로 넓어졌다 좁아지며 1층과 2층 사이를 휘감는다. 게다가 외장재로는 잘 사용하지 않는 백페인트글라스를 마감 재료로 사용해 사선 패턴을 만들어 붙여 놓으니 낯설고, 가볍고, 역동적이다. 도자기처럼 매끈한 흰색의 유리 가벽 위에는 빛이 어룽거리며 부드러운 빛의 향연이 펼쳐진다.

초향루의 내부 공간과 외관을 바라볼 수 있는 통유리

최소한의 구조, 최대한의 풍경

▬▬▬▬ 30평 밖에 되지 않는 공간인데 굉장히 넓게 느껴지네요.

▬▬▬▬ 벽에 창문을 뚫은 것이 아니라 벽 자체를 모두 유리로 둘러쳐서 외부로 활짝 열린 느낌을 주었죠. 그리고 내부마감을 흰색으로 통일해 더 넓어 보이는 효과를 냈어요.

독특한 외관을 뒤로하고 대문을 들어서면 군더더기 없는 내부 공간이 펼쳐진다. 1층 현관으로 들어가면 거실을 중심으로 왼쪽에는 다실, 오른쪽에는 복도(밖으로 보이는 중정), 부엌, 안방이 차례로 배치되어 있다. 특히 주요 생활공간인 부엌과 안방은 가장 가까이 붙어 있다. 2층에는 손님방과 서재가 있다. 이렇게 집의 동선과 공간 구조는 지극히 단순하다. 노부부를 위해 최대한 단순한 동선으로 디자인한 것이다. 공간의 구조는 단순, 명확하지만 공간의 분위기는 절대 그렇지 않다. 현관을 들어서면 거실에서 환한 빛이 쏟아져 들어온다. 거실부터 안방까지 온통 유리벽이다. 일반적인 집은 단단한 벽을 뚫어 작은 창을 내지만, 이 집은 벽 자체가 바로 창이다. 뜰 안에 그려놓은 정원의 파노라마 풍경부터 저 멀리 광교산까지 오롯이 집 안으로 담기 위해 선택한 방법이다. 이를 실현시키기 위해서는 구조적인 해결이 반드시 필요했다. 그래서 거실 한편에 둥근 기둥을 세워 집의 무게를 모아 지탱하게 했다. 그 결과 시야를 가리는 거치적거리는 구조체가 말끔히 사라지고 광활한 풍경을 고스란히 받을 수 있는 스크린이 만들어진 것이다. 그

초향루의 정원과 현관 캐노피에서 바라본 정원 모습

런 다음 거실에 나무로 만든 가구 몇 점만 남겨두었더니 30평이라고는 믿기지 않을 정도로 집이 넓어 보인다.

내부는 흰색과 밝은 갈색으로 인테리어를 정리했고, 어두운 갈색의 고가구를 몇 개 두어 고풍스러운 분위기를 자아냈다. 정제된 공간 속에서 손때 묻은 가구들이 제자리를 찾아가니 노부부의 안목이 새삼 빛을 발한다.

한번도 생활해본 적이 없는 갤러리 같은 긴 회랑과 창이 사라진 투명한 벽체, 내부의 모든 흔적이 지워진 흰 벽과 사라진 몰딩과 장식들, 구획되지 않은 방들의 나열과 직교되지 않은 벽들의 결합, 주등이 아닌 간접등으로 연출된 내부, 화강석의 밋밋한 패턴에 결합된 백페인트글라스 등등……. 처음엔 이 모든 것이 두 건축주에게는 지극히 낯설고 당황스러운 환경이었을 것이다. 하지만 자연과 연계된 동선을 따라 시선이 밖을 향해 열리고, 숨은 꽃과 들풀이 집의 내·외부를 풍요롭게 하니 새로운 삶의 이야기가 생겨나고 자연에 대한 애착이 더 돈독해졌다고 건축주는 이야기한다.

쪽창 예찬

━━━ 중정을 향해 난 이 쪽창이 참 재밌네요.

━━━ 이곳에 누워 쪽창을 보면 1층 손님들이 무엇을 하고 있는지 낱낱이 보여요. 몰래 훔쳐본다는 건 굉장히 흥미로운 일이죠.

1층에 통유리창이 있다면 2층 손님방에는 쪽창의 즐거움이 있다. 사다리꼴 모양의 방에 들어서면 오른쪽 아래와 왼쪽 위에 슬레이트 창이 있다. 그야말로 살짝 훔쳐보기를 위한 창이다. 사람에게 내재된 관음증적인 욕망을 집으로 끌어들인 것이다. 하지만 이는 타인을 훔쳐보기 위한 장치라기보다 자신의 삶을 이곳의 손님과 따로 분리하거나 격리하지 않겠다는 열린 생활의 태도로 이해할 수 있다. 그러니 오른쪽 아래의 창은 중정을, 왼쪽 위의 창은 숲 머리와 하늘을 향하며 서로 다른 공간과 대상들을 소통하게 만든다. 느긋하게 바닥에 누워 가족의 움직임을 살펴볼 수도 있고 밤하늘에 떠 있는 별을 감상할 수도 있는 것이다. 이렇듯 손님방은 이 집의 다른 곳과는 달리 쪽창의 변주를 통해 소소한 즐거움을 얻는다.

초향루에서 즐길 수 있는 쪽창의 즐거움

찻잔에 녹아든 초연한 생활의 향기

──────── 이곳이 바로 초향루의 중심이군요!

──────── 그렇죠. 이 다실이 누각의 분위기를 마음껏 느낄 수 있는 최적의 공간이에요.

흔히 부부는 살면서 점점 닮아간다고들 한다. 비단 외모만이 아니라 생활 자체도 그렇다. 많은 부부들이 수십 년의 세월을 함께하며 공통의 취미를 갖는 건 그래서 자연스러운 일이다. 등산, 배드민턴, 산책처럼 활동적인 취미 생활을 함께하는 부부들도 많지만 초향루의 내외는 서로를 마주 보며 차를 즐기고, 다도를 익히며 수년간 형형색색의 다기를 모아왔다. 찻물을 끓이는 탕관, 차를 우리는 주전자 다관, 찻상 위에 까는 차포, 찻잔, 받침 등 모으다 보니 방 하나를 내어줄 정도가 되었다. 좋은 차를 나누는 것은 오랜 시간 둘이 함께해온 취미 생활이자 지난 삶을 돌아보며 여유를 즐길 수 있는 그들만의 시간이다. 그래서 새집을 지을 때 부부는, 부부의 다기 컬렉션을 전시하면서도 차를 마실 수 있는 다실을 원했다.

건축가는 고심 끝에 전통건축의 누각을 떠올렸다. 풍경을 한껏 받아들일 수 있는 구조의 누각은 사방이 열려 있어 앉아서 경치를 즐길 수 있다. 건축가는 마을과 산의 풍경이 중첩되는 서쪽 끝 대문 근처에 다실을 배치했다. 손님을 가장 먼저 반길 수 있는, 이웃의 모습을 지긋이 바라볼 수 있는, 자연을 즐길 수 있는 초향루의 명당이다.

또한 차를 즐길 수 있는 고즈넉한 분위기를 만들기 위해 야트막한 창

건축가 구승민이 그린 초향루 스케치

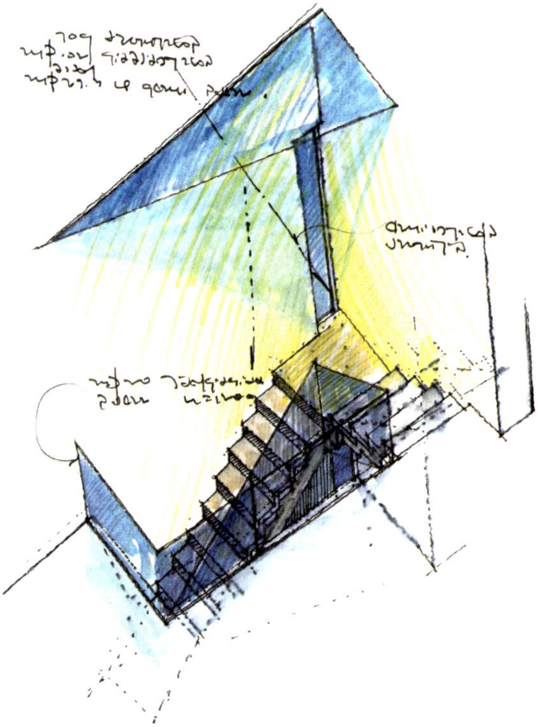

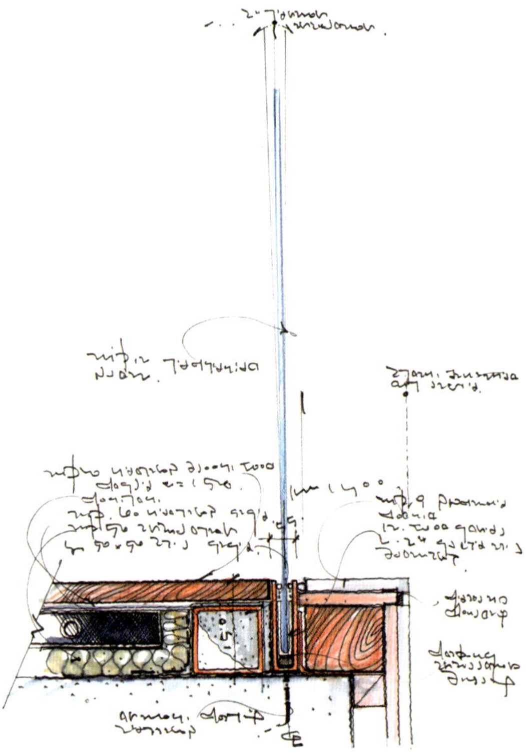

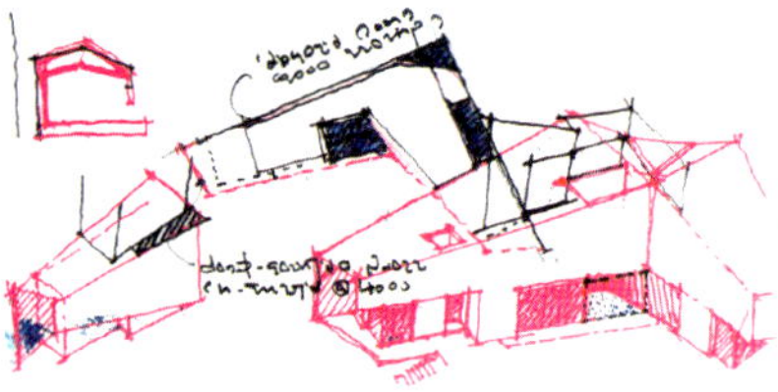

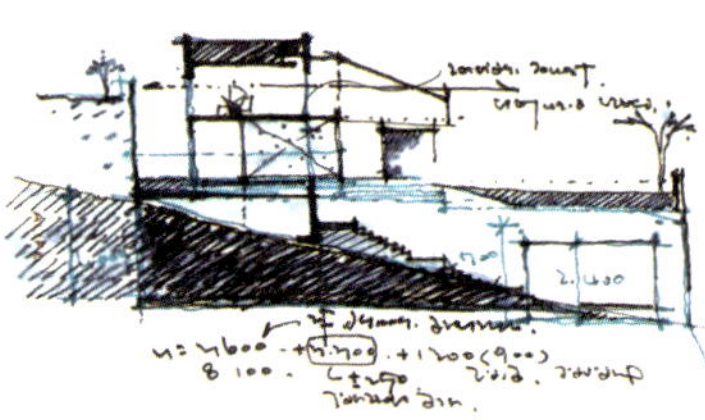

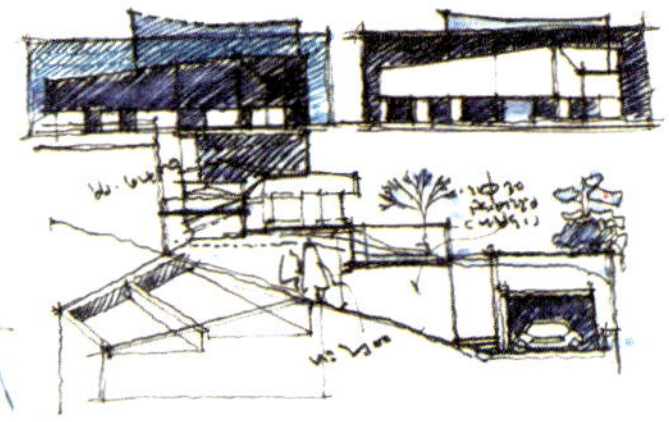

틀을 두었다. 바닥에 앉으면 팔을 걸칠 수 있는 높이의 창틀은 천장 높이까지 시원하게 열려 방 안의 더운 김은 날려보내고 창문 너머 경치는 온전히 즐길 수 있는 장치가 된다.

안주인이 직접 한 땀 한 땀 수놓은 퀼트와 수년 동안 모은 다기를 장식해 놓은 나무 장식장은 차분하면서도 정갈한 이 집의 정서를 보여준다. 새로 지은 현대적인 집이지만 곳곳에 고풍스러운 가구와 마룻대를 활용한 인테리어, 전통 건축의 차용은 한데 어우러지며 신선한 조화를 이룬다.

과감한 선의 건축

건축가 구승민은 자신의 심상을 건축으로 표현하기 위해 평소처럼 펜을 들었다. 그는 자신의 건축적 사고를 표현하는 방법으로 입체적인 스케치를 적극 활용해왔다. 구조와 시공이라는 현실의 제약을 떠나 상상의 나래를 펼친다. 입방체를 기본단위로 하여 건축물을 그려내는 이 방법을 그는 '큐빅 크로키'라 부른다. 이 큐빅 크로키를 통해 초향루의 가장 특징적 요소인 과감한 띠가 탄생하기도 했다. 흰 종이 위에 펜으로 선을 쓱쓱 그리다보면 어느새 집의 모양이 갖춰진다. 건축설계의 거의 모든 작업이 컴퓨터로 이루어지는 요즘도 그는 이 손맛을 고집한다. 수백, 수천 번의 고민과 순간의 결정이 만들어낸 과감한 선의 건축, 초향루가 바라산 자락에서 빛날 수 있게 된 근원이기도 하다.

ARCHITECT NOTE

멋들어진 정원 조경을 위한 조경수 추천

풀 향기가 피어오르는 정원을 조성하는 데 있어서 가장 심사숙고했던 것은 바로 조경수다. 집을 짓는 것만큼 정원과 마당을 소중히 가꿔나가는 것 또한 삶의 가치를 고양시킬 수 있는 중요한 행위다.

초향루의 건축주는 손수 가꿀 수 있는 예쁜 정원과 자연과 맞닿을 수 있는 소박한 공간을 만들어달라는 조건 외에는 모든 것을 건축가에게 일임했다. 산꽃과 들꽃을 사랑하는 건축주는 바라산과 접한 마당에 소담하지만 질긴 생명력의 자생초를 심기로 미리 마음먹고 있었다. 그리고는 작은 꽃밭을 관조할 수 있는 다실에 대한 기대와 정원과 집이 어우러져 형상화된 이미지를 줄 곧 대화의 소재로 삼았다. 초향루 안에 그들이 꿈꾸는 차향기 풀향기 가득한 노후의 삶을 담고자 했다. 그러니 초향루는 출발도 조경이요, 건축주가 가장 원하는 공간의 가치도 자연이라고 할 수 있었다.

사실 조경은 건축 공사에서는 부분적인 요소라고 생각하는 경우가 많아서 형식적으로 법적 요건을 갖추거나 많이만 심으면 된다는 식으로 빼곡히 식물을 심는 경우가 대부분이다. 그야말로 '식재' 수준이다. 하지만 이 초향루에서는 건축설계 못지않게 조경에 대한 고민을 해야 했다.

대지의 여건상 온전한 마당을 갖기 위해서는 한 층 높이를 기단으로 삼아야 했다. 이 한 층 높이를 올라온 곳에서 가장 먼저 마주하는 것은 바로 마당의 나무와 바라산을 향한 풍경이었다. 모든 시선이 마당의 연속선상에 닿을 수 있도록 창이라는 개념보다는 투명한 갤러리 벽이라는 장치를 통해 어느 공간에서나 자연과 호흡할 수 있는 여지를 남겨두었다.

조경수에 대한 신뢰할 만한 정보를 구하려면 한국조경수협회의 문을 두드려볼 만하다. 이 협회는 조경수로 167종을 정해 홈페이지에 공유하고 있다. 그중에서도 인기가 많은 나무로는 감나무, 모과나무, 소나무, 느티나무, 이팝나무, 벚나무, 가시나무 등이 있다. 조경수 가격은 수목의 모양, 뿌리 발달 및 발육 형태, 식재 시기, 수급 상황에 따라 가격 차이가 천차만별이다.

최근 조경은 벽 위, 옥상 위로 그 영역을 확장하는 추세다. 건축물에 직접 적용된 조경은 에너지 절감과 같은 경제적인 효과부터 심신 안정처럼 정신 건강에도 긍정적인 영향을 미치는 것으로 알려지고 있다. 시장은 이러한 내용을 적극적으로 수용하고 발전시키기 위해 수직 조경, 물 공급장치 등을 개발하며 대응하고 있다.

조경의 중요성이 대두되는 이유는 결국 자연에 가까이 살고 싶다는 인간의 본능이 만들어낸 도시의 생태계가 아닐까. 초향루의 마당과 조경을 통해 건축주는 숨은 꽃 하나하나 들풀 하나하나에까지 모든 이야기를 담고, 자연에 대한 애착이 더 돈독해졌다고 말한다. 늘 마당의 한켠에서 대화하고, 풀과 꽃과 씨름하며 자연과 호흡하는 노부부의 삶은 젊은 시절만큼이나 적극적으로 살고자 하는 태도가 반영되어 있다.

구승민　초향루

PART 3
집 더하기 작업
일이 왠지 즐거워지는 집

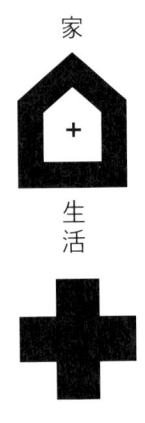

NATURE
NEIGHBOR
WORK
RELAXATION

우경국 × 시경당
時景堂

건축가 우경국

건축가 우경국은 한양대학교 건축공학과를 졸업했다. 현재 (주)예공아트스페이스를 운영하고 있으며 한양대학교 건축학부 초빙교수로 활동하고 있다. 한국건축가협회 명예이사이자 헤이리 아트밸리 프로젝트 21 및 파주 북시티 섹터 건축가이기도 하다. 그는 '건축은 인간을 담는 그릇'이라고 생각하며, 건축물에 인간을 어떻게 담을 것인가, 그 안에 담긴 사람이 어떤 행위와 사고를 하게 하고 무엇을 느끼게 해야 할 것인가를 진지하게 고민한다.

주요 작품으로는 몽학재와 평심정, 아크로스 빌딩, MOA+시경당, 백순실미술관, 한양 아고라 등이 있고, 한국건축문화대상(2회), 강구조작품상, 한국건축가협회상(4회), 대한건축학회 작품상 등을 수상했다. 영국, 프랑스 등에서 강연 및 전시를 했으며, 2008년에는 베니스 비엔날레 초청전시를 했다. 또한 그가 건축한 헤이리 MOA는 '죽기 전에 꼭 보아야 할 세계 건축 1001(영국 유니버스사)'에 선정되었다.

HOUSE DATA — 시경당

LOCATION	경기도 파주시 탄현면 법흥리 1652-469
PROGRAM	갤러리, 아트샵, 주거, 게스트하우스
SITE AREA	336.9㎡
DESIGN PERIOD	2002. 02~2003. 01
CONSTRUCTION PERIOD	2003. 02~2004. 02
EXTERIOR FINISHING	동판, 노출콘크리트
INTERIOR FINISHING	노출콘크리트, 자작나무합판, 백색 무광 락커

photo ⓒ 김종오, 정세영, 우경국

예술마을,
예술가족의 예술 같은 생활

좋은 건축이란 곧 좋은 디자인을 말하는 것이겠죠?

일반적으로 건축을 말할 때 디자인에 대해 많이들 이야기하죠. 하지만 건축은 결코 디자인이 아닙니다. 건축이란 곧 상황을 계획하는 행위죠. 집은 혼자로는 존재할 수 없기 때문에 주변의 자연, 인간과 관계를 맺을 수 있는 상황을 만들어주는 것이죠.

문화와 예술이 꽃피는 마을, 헤이리

■■■■■ 가족 모두가 예술가네요. 게다가 사는 곳도 예술마을 헤이리라니 집도 뭔가 특별할 것 같아요.

■■■■■ 아무리 가족이라 해도 개성이 강한 건축가, 미술가, 디자이너이기 때문에 각자의 고집들을 모아 집을 짓는 게 쉽지는 않았지요. 그래서 창조적인 가족구성원들을 위해 생각해낸 해법이 몸을 많이 움직이고 생각하는 공간을 두자는 것이었죠. 사실 불편함도 느낄 거예요. 하지만 그만큼 얻는 것이 더 많기에 그 정도 불편함은 감수하기로 했죠.

영화감독 김기덕과 박찬욱, 가수 윤도현, 사진작가 배병우, 방송인 황인용, 조각가 최만린 등을 비롯해 수많은 예술가들이 모여 사는 동네는 어디일까. 바로 경기도 파주에 위치한 헤이리 예술마을이다. 국내 예술인 공동체의 원조격 마을인지라 문화와 예술에 관심이 있는 사람이라면 한 번쯤 들어봤을 이름이다. 꼭 그렇지 않더라도 유명 인사들의 집을 비롯해 개성만점의 주택과 갤러리, 레스토랑들이 한곳에 모여 있는 이 마을은 사실 주말에 데이트를 위한 최적의 교외 코스로도 알려져 있다. 헤이리 예술마을은 국내외 유명 건축가 60여 명의 작품으로 이루어진 마을인 만큼 자기 집을 지으려는 사람들에게는 그야말로 살아 있는 건축전람회장이다. 한쪽 어깨에 카메라를 메고 헤이리를 걷다 보면 양식과 형태, 재료를 달리한 형형색색의 집들이 아름답고 매혹적인 자태를 저마다 뽐내고 있어 눈을 어디에 두어야 할지 모를 지경이다. 이런 건물들 사이에 건축가 우경국이 설계하고, 살고 있는 시경당이 자리 잡고 있다. 우경국은 헤이리 예술마을의 주민이자 2013년 현재 건축위원장이기도 하다. 그가 설계한 헤이리 갤러리 MOA 2, 3층에 바로 그의 자택 시경당이 있다. 이 집은 건축가인 본인, 갤러리 관장인 부인, 미디어 아티스트인 첫째 아들과 산업 디자이너인 둘째 아들이 함께 사는 집이다. 그야말로 예술마을 속 예술인 가족의 집이다.

동상이몽, 하나의 집에 각양각색의 사람과 기능을 담다

시경당의 건축주이자 건축가로서, 가족 구성원의 다양한 개성과 헤이리 마을이라는 특수한 대지 조건을 고려하며 계획하려니 많은 고민을 할 수밖에 없었죠.

엄밀하게 말하면 집에서 살 사람이 직접 주변 환경, 건축 법규, 공사비 등 수많은 요소를 꼼꼼히 따져봐야 한다. 그러나 그 많고 어려운 것을 일반인이 일일이 체크할 수도 없고 알 길도 막막하니, 이를 대신해 줄 건축가를 찾는 것이다. 그러니 건축가는 위와 같은 상황뿐 아니라 건축주의 마음을 잘 헤아리는 게 무엇보다 중요하다. 게다가 끊임없이 생각하고 창조하는 예술가들이 살 집이라면 더욱이 그렇다.

건축주이자 건축가인 우경국은 새로운 공간 창출을 고민했고, 갤러리 관장인 그의 아내는 단순하고 품격 있는 집을 꿈꿨다. 미디어 아티스트인 장남과 산업 디자이너 차남의 요구도 만만치 않았다. 각자의 특성도 강하고 원하는 것도 천차만별. 우경국은 건축가이자 아버지로서

건축가 우경국이 그린 시경당 스케치

가족들의 생활과 요구를 담아내는 데 고민에 고민을 거듭했다. 게다가 외부인의 방문이 빈번한 헤이리 마을의 특성과 헤이리에 집을 지으려면 지켜야 하는 디자인 지침, 주거와 전시 공간이 결합되는 특별한 건축물을 만드는 것 등은 건축가에게 새로운 실험이자 도전이었다.

건축가 우경국은 계속 건축의 화두로 삼아 왔던 '관계 현상'을 이 집에 끌어왔다. 그동안 관수정, 몽학재, 평심정 등 일련의 주택 작업에서 보여줬던 분절과 연계의 묘미를 이 작업에서 완숙한 기법으로 드러낸 것이다. 특히 갤러리, 아트숍과 카페, 주거, 별채 등 다양한 용도를 가지는 건축물을 헤이리에 만드는 작업이기에 외부와 어떻게 상호 소통하며 도란도란 이야기를 주고받을지 고민한 흔적이 역력하다. 말이야 쉽지, 서로 다른 용도의 공간을 한 건축 안에 엮어내는 것은 노련한 건축가에게도 매우 어려운 숙제다. 한쪽은 속내를 감추고, 한쪽은 드러내

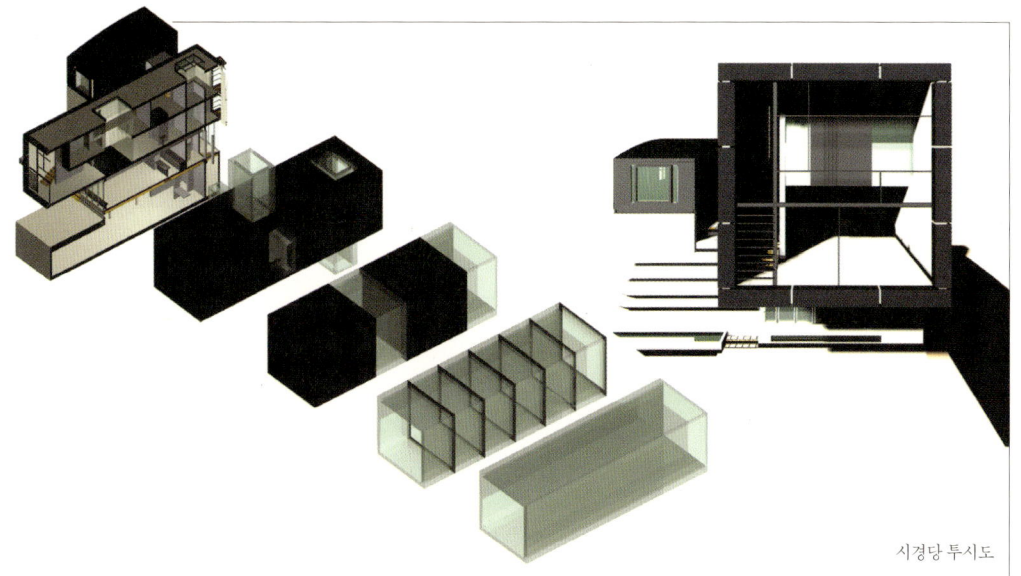

시경당 투시도

야 한다. 한쪽은 조용해야 하고, 다른 쪽은 활기차야 한다. 동상이몽하는 가족들과 용도가 다른 공간들을 잘 다독여 꾸려가야 하니 보통 어렵지 않다.

우경국은 뚜렷한 경계를 만들어 공간을 어색하게 분리하기보다 공간을 열어가며 영역을 구분하면서 관계를 이루어나갔다. 이것은 한편으로 공공성에 대한 배려이기도 하다. 1층에는 외부인들이 쉽게 접근할 수 있는 카페를 두고 시각적으로도 소통이 자유롭도록 유리벽을 세웠다. 지하에는 갤러리 MOA를 두어 건축과 미술 전시를 열고, 세미나실이나 워크숍 장소로도 활용할 수 있도록 했다. 2, 3층으로 분리된 주거 영역은 폭 20미터의 단단한 느낌을 주는 동판 상자에 담아 카페 위에 띄우

시경당의 외관 모습

면서도 대담하게 6.6미터의 캔틸레버 구조를 택해 길 위를 걷는 사람들이 이 집 아래를 지나면서 건너편까지 바라볼 수 있도록 설계했다. 그럼으로써 건축가는 생태 보존과 친환경적인 태도를 중시하는 헤이리 건축 디자인 지침에 따라 산의 흐름과 시선을 이어나갈 수 있었다. 이것이 바로 동상이몽의 성공적 화합이었다.

전통의 현대적 해석

주거 계획에서 가장 중요한 것은 가족 간의 소통입니다. 각박한 현대사회에서는 각자 방에 들어가면 집에 누가 있는지도 모르는 상황들이 일어나죠. 이런 부분을 해결하기 위해 제가 참고했던 건축물이 바로 창덕궁 연경당이에요.

한국의 현대건축가들에게 가장 무거운 짐이 바로 '전통'이다. 이웃나라인 일본이나 중국과는 달리 한국의 전통건축은 대부분 전쟁의 폐허로 사라졌다. 급격한 근대화로 인해 거주공간으로서 전통건축은 한동안 맥이 끊겼다 해도 과언이 아니다. 전통건축의 축조기술은 궁궐건축 중심으로 장인의 손을 따라 이어지고 있다. 그나마 서울의 북촌이나 전주 한옥마을 등 전통건축을 맛볼 수 있는 곳이 남아 있긴 하고, 2000년대 들어 한옥에 대한 관심이 다시 살아나고는 있지만 아직까지 현대인의 삶을 담기에는 괴리가 있다.

이런 상황에서 1990년대부터 현대건축을 이끌었던 4·3그룹은 전통건축을 재해석해 모더니즘 건축의 방법론으로 풀어내려는 시도를 했다.

군더더기 없는 매끈한 육면체

시경당 내부 공간

우경국 또한 4·3그룹의 멤버로 그런 노력을 하고 있는 사람 중 한 명이다. 시경당에서도 그는 창덕궁의 연경당을 말한다.

— 사실 시경당은 하나의 공간으로 모두 열려 있어요. 이곳에 벽을 밀면 옆의 공간과 소통이 되죠. 한번 보여드릴까요? 자, 이렇게 벽이 곧 문이 됩니다.

— 이럴 수가! 분명히 벽인 줄 알았는데 문처럼 열리네요. 앗! 다음 방의 벽도 또 열리네요! 마술을 부리시는 건가요.

연경당은 창덕궁 내에 지어진 사대부의 집이다. 사랑채와 안채가 기다랗게 이어진 이 집은 미닫이문으로 칸칸이 나뉘져 있다. 문을 열고 닫는 것에 따라 공간이 여러 개로 나뉘었다가 다시 하나가 되곤 한다. 이렇게 켜를 나눈 공간적 해법을 그는 시경당에 차용해 구성했다. 기다란 몸체를 여덟 개의 켜로 나누고 미닫이문을 두어 집 전체를 하나로 연결하기도 나누기도 한다. 벽은 마술처럼 문이 되어 열리고, 방들은 하나가 되었다가 나뉘어지기도 한다. 또한 투명, 반투명, 불투명 재료를 사용해 영역을 구분함으로써 현대적인 느낌을 준다.

2, 3층을 수직으로 연결한 유리 중정은 시경당의 심장이다. 집의 중앙에 위치한 유리 중정은 누마루의 역할을 하면서도 집 내부에 환하게 빛을 끌어들여 대로변으로 막혀 있는 집 안을 밝힌다. 가족들은 이곳에 누워 하늘을 바라보고, 낮잠을 청하고, 책을 읽고, 창작의 고통에서 머리를 식힌다. 또한 이 중정은 가족들을 서로 소통하게 하는 창구가 된다. 2층 부엌에서 어머니가 식사 시간을 알리면 3층의 방이나 집 안

시경당의 내부, 유리방과 천창

곳곳에 있던 가족들이 중정을 타고 올라오는 밥 냄새를 따라 자연스럽게 아래로 이끌려 가기 때문이다.

본채와 데크로 이어져 있는 별채에는 서재 겸 손님방이 있다. 본채의 2층에서 진입할 수 있는 별채 1층은 한쪽 벽이 온통 책으로 가득하며 화장실과 주방을 별도로 두고 있다. 이 방은 현대적인 사랑채의 역할을 하며 손님을 맞이할 때 사용된다.

시간은 풍경에 담기고, 풍경은 집을 타고 흐른다

— 거실에 앉아서 밖을 바라보니 헤이리의 멋진 건물들과 산이 한눈에 들어오는군요.

— 이 마을은 사계절 풍경이 정말 아름답죠. 그래서 대형 창으로 시야를 열고 좌식 생활을 하면서 자연을 온전히 즐기려고 했어요.

우리나라는 사계절의 아름다움을 자랑하지만 이를 도시에서 누리기는 어렵다. 하지만 헤이리는 건축 디자인 지침에도 명시하고 있듯이 자연을 최대한 보전하고, 식생들을 보호하는 것에 중점을 두고 있다. 그만큼 주위 자연을 즐길 수 있는 환경이 조성되어 있기도 하다. 시경당은 자연이 사계절을 따라 달라지는 풍경을 고스란히 담아낸다. 이름 또한 '시간과 풍경을 담는 집' 아닌가. 이렇게 이름에 담긴 뜻은 2층 거실에서 늪지와 산을 향해 열린 창으로 온전히 느낄 수 있다. 마치 옛 조각보 혹은 몬드리안의 작품처럼 면이 분할된 창문으로 들어오는 자연은 거실 마루에 엉덩이를 깔고 앉아야 즐길 수 있다. 과거 선조들의 생활 방식처럼 거실과 유리 마루방은 좌식 생활공간으로 구성되어 있다. 소파 없이 키가 작은 가구와 방석이 놓인 거실에서 가족들은 시간의 흐름을 느낄 수 있다.

예술인들의 집이라면 뭔가 음침하거나 요란하기 그지없을 것 같지만 시경당은 군더더기 없는 매끈한 육면체로 주변의 풍경과도 조화를 꾀한다. 거대한 컨테이너 박스 하나가 하늘에 떠 있듯, 아슬아슬하게 언덕에 사뿐 걸쳐 있는 모습은 주변의 산세 속에서 긴장감마저 자아낸다.

유용한 불편함

— 집 안을 한 바퀴 돌고 나니 마라톤을 한 것처럼 숨이 차네요.

— 많이 움직일수록 몸이 건강해지고 두뇌나 창작 활동이 활발해지죠. 저는 이것을 '유용한 불편함'이라 부릅니다.

우리나라에 사는 사람 두 명 중 한 명이 아파트에 산다. 건축가인 우경국의 가족 또한 이곳에 오기 전까지는 아파트 생활을 했다. 사람들은 보통 아파트를 군더더기 없는 평면으로 짜여진 초고효율의 기능성 집이라고 생각한다. 열 걸음 안에 모든 방에 닿을 수 있기 때문이다. 하지만 우경국이 자신의 집을 지으면서, 예술가 가족을 위해서 가장 중요하게 고려했던 것은 '많은 움직임'이었다.

하지만 역시 적응에 어려움을 겪었다. 안방에서 주방에 들러 음료수를 들고 다시 안방으로 오기까지 60미터나 되는 거리를 오가야 하니 볼멘 목소리가 안 나올 수 없다. 큰아들은 결혼 전까지 별채에서 혼자 지냈는데 아침식사를 하기 위해 안채로 이동할 때면 집 주변에 외부 방문객이 많아 잠옷 바람으로 움직일 수도 없다며 불만을 토로했다. 3층을 사용하는 둘째 아들은 가변 벽면(출입문 겸용)이 편리하긴 하지만 쉽게 열려 마음이 편치 않다고 했다. 이렇듯 가족들은 여러 가지 불편함을 겪었다.

그러나 입주하고 얼마간의 시간이 흐르자 가족들은 아버지가 왜 이렇게 집을 설계했는지 비로소 깨닫게 되었다. 규모가 크지 않은 집임에도 산책하듯 돌아다녀야 하는 '유용한 불편함'은 창조적인 작업을 하는 가족들에게 건강함과 심리적 여유를 주고 싶었던 아버지의 깊은 배려였던 것이다.

ARCHITECT NOTE

집 더하기 무엇

헤이리 예술마을 D-5 구역에 위치한 MOA 갤러리 및 시경당은 주거와 갤러리, 아트숍과 카페가 결합된 복합 문화 공간으로, 공동주택, 문화 및 집회시설에 적용되는 법규는 물론이고 헤이리 예술마을의 건축 지침을 따라야 했다. 따라서 전체 면적의 60퍼센트를 문화시설로 구성했으며, 정해진 패치 위에 매스 위치를 지침에 따라 배치했다.

대중의 접근이 용이해야 하는 문화 공간과 개인의 사생활을 중요시해야 할 주거 공간이 함께하기 때문에 물리적으로 확연히 구분 짓는 방법을 선택했다. 가장 단순한 형태와 공간을 바탕으로 안채와 별채 두 동으로 구성하면서 사이 공간을 만들고 대중과의 소통, 가족 간의 소통, 그리고 자연과의 소통을 위한 공간으로 공중에 떠 있는 울림이 있는 단순한 상자로 디자인했다.

우선 전면 도로에 대응하는 도시 공동성을 위해 공용공간 확보와 대중과의 소통을 위한 마당을 만들고자 했다. 이에 맞닿는 지하와 1층은 문화 및 상업시설을 배치했다.

1층 아트숍 겸 카페는 마당과 연못, 그리고 옥외 데크와 연계된 공간으로 두 곳의 출입구와 선넌과 측면이 유리로 되어 있어 외부 공간과 연결되면서 떠 있는 느낌을 강조했고 지하 갤러리는 1층의 아트숍과 카페 간의 기능적 연계 및 방문객의 흐름을 위하여 연속적 공간을 제공하고 자연광이 있는 공간을 만들어 어떤 장르의 예술작품도 전시할 수 있도록 구성했다.
자연스럽게 2, 3층은 주거 공간을 두어 땅과 구분 짓고, 별채는 서재 및 작업실, 그리고 방문자를 위한 게스트하우스 역할을 할 수 있도록 구성했다. 특히 라이프 사이클과 거주 행태의 변화에 대비해 공간을 가변적으로 활용할 수 있는 여지를 두었다. 또한 자연을 내부로 끌어들이기에 역점을 두어 신체의 움직임에 따른 시지각적 변화와 그에 따른 이야기를 연출했다.
6미터 도로와 나란하게 장방형의 떠 있는 매스를 패치상에 배치하고, 능선에 접하는 동측에 별채(사랑채)를 배치하여 능선의 파괴를 최소화하면서 두 건물 사이에 사이 공간을 형성한다. 이 공간은 남북 공간의 흐름뿐만 아니라 시각적 다양성을 제공하고 바람의 통로로서 작동한다. 사이 공간 앞에는 장방형의 연못을 두어 습도 조절, 빗물 처리는 물론 자연이 투영된 시각적 효과를 충족시키는 역할을 하게 한다.
이와 같이 대지의 특성과 프로그램의 다양성을 관계의 범주로 대치시키는 것이 이 집의 핵심이다. 그것은 상호 소통이라는 언어로부터 출발한다. 하나의 건축 안에서 물리적 영역을 명확하게 구분 지으면서도, 시각적으로 서로 인지할 수 있는 공적 영역과 사적 영역의 실험을 통해 상반된 두 기능이 하나의 건축에 공존하는 상황을 계획한 것이다.

이 집은 21세기 생활방식의 급속한 변화, 편안함과 빠름을 동시에 추구하는 시대적 상황에 비판적 거리를 유지하며, 역설적으로 느리게 사는 삶의 방식과 유용한 불편함, 자연과 건축의 새로운 관계 맺기, 공동체와의 관계 등을 표현했다. 한국의 전통적 사상과 공간 개념을 재해석하여 '관계현상의 미학'이라는 철학적 개념을 건축적 형식으로 새롭게 표출하고자 한 작업이다.

家 + 生活

NATURE
NEIGHBOR
WORK
RELAXATION

김승회 × 여주주택
YEOJU HOUSE

건축가 김승회

건축가 김승회는 서울대학교 건축학과와 대학원을 졸업하고 1989년 미시건대학교에서 석사과정을 마쳤다. 졸업 후에는 시카고 SOM과 서울건축에서 실무를 익혔다. 1995년 건축사사무소 경영위치를 개소하여 작업을 해왔으며, 2003년부터 서울대학교 건축학과 교수로 재직 중이다. 그는 건축을 '삶을 생성하는 장치'라고 말한다. 공사 일정을 맞춰야 하고 건축주의 요구를 받아들여야 하며, 시공을 끌어가야 하는 어려운 현실 속에서 빼어난 결과를 만들어내는 게 건축가의 역할이기 때문이다.

주요 작품으로는 이우학교, 세계장신구박물관, 롯데부여리조트, 문학동네 사옥, 이화외고 비전관, 양평주택, 정선군보건소, 서울대 환경대학원, 영동교회 등이 있다. 2006년 베니스 비엔날레를 비롯해 보스턴, 도쿄, 베를린, 바르셀로나 등에서 전시회를 가졌다. 김수근 문화상, 한국건축문화대상, 건축가협회상, 서울시건축상, 건축학회상 등을 수상했다.

HOUSE DATA — 여주주택

LOCATION	경기도 여주시 강촌
PROGRAM	주거용
SITE AREA	660㎡
DESIGN PERIOD	2009. 06. - 2010. 02
CONSTRUCTION PERIOD	2010. 03 - 2010. 10
EXTERIOR FINISHING	IPE목, 징크, 송판노출콘크리트
INTERIOR FINISHING	석고보드 위 수성페인트, 송판노출콘크리트

집,
내 마음의 우주를 담다

수많은 주택을 설계해오면서 집이란 무엇인지
계속 진지하게 고민하셨을 것 같아요.

그렇죠. 저는 집이 우주의 중심, 자기 존재의 구심점이라고 생각해요. 세상을 바라보고, 또 나 자신을 들여다보기도 하는 곳이죠. 삶을 펼치고 꿈을 꾸는 바탕이 되기도 하고요. 특히 집은 주인이 세상의 풍파에 시달려 지친 몸을 부여잡고 돌아왔을 때 따뜻하게 환대해주는 공간이어야 해요. 집이 사람을 온전히 안아줄 때 진정 사람을 위한 집이 되는 거죠.

별장, 결코 소박하지 않은 도시민의 로망

────── 이 집을 별장 개념으로 설계하신 건가요?

────── 아뇨, 별장이란 단어는 저에겐 과분한 사치라고 느껴지네요. 저 자신에게 집중하기 위한 작업공간에 더 가까워요.

하루에도 열두 번씩 마음속으로 외친다. '제발 날 좀 내버려둬!' 매일같이 사람들과 부대끼며 일하는 현대 도시인들. 동료, 상사, 선후배, 거래처, 클라이언트······. 하루에도 수십 명의 사람들과 만나고 전화하고 메일을 주고받는다. 그뿐이랴, 쉴 새 없이 울려대는 휴대전화의 수신음과 알람 소리는 우리가 소셜네트워크 안에 있다는 것을 어쩔 수 없이 받아들이게 한다. 그나마 모든 것을 의도적으로 내려놓고 쉴 수 있는 건 일주일의 여름 휴가뿐이다.

우리는 모니터 앞에 앉아서도 순간순간 푸른 바다가 펼쳐진 해안의 작은 집, 혹은 숲이 우거진 산 속의 아담한 별장을 꿈꾼다. 비록 삭막한 도시에 내 집 한 칸 없다 하더라도 꿈인들 누가 말릴소냐. 잠시 잠깐 마음에 평화를 불러오는 일장춘몽이라도 편하게 즐길 수 있다면 족하다.

건축가는 이런 순간의 꿈도 결코 아름다운 상상으로만 남겨두지 않는다. 머릿속으로 짓고 손으론 이미 그리고 있다. 아마도 대다수의 건축가들이 건축가가 되겠다고 처음 마음먹었을 때 '내 집은 내 손으로 지어보겠다'는 생각을 한 번쯤은 해봤을 것이다. 내공이 쌓일수록 그 로

한적한 양평에 위치한 여주주택

망은 실체에 가까운 모습으로 마음에 맺힌다. 하지만 역시 현실이 녹록치 않은지라 땅과 돈에 발목이 잡힌 채, 건축주이자 건축가가 된 자기 자신과의 싸움은 지루하게 이어질 수밖에 없다.

건축가 김승회에게 여주주택은 10년 만에 이뤄낸 꿈이다. 하지만 이 집은 단순히 휴식만을 위한 별장은 아니다. 이 집을 짓기 전에 그는 온전히 혼자일 수 있는 시간과 내면에 집중할 수 있는 공간이 필요할 때면 언제나 강원도에 콘도를 빌렸다. 그렇게 3, 4일씩 칩거하면서 작업만 하는 것이다. 사실 일반인들에게는 그 정도의 투자도 놀라울 것이다. 콘도를 빌려 혼자서 일을 하다니! 하지만 이는 그가 살아가는, 혹은 창작의 방식이다. 창조적인 일을 하는 사람에게 물리적·공간적으로 독립된 시간은 필수불가결하다. 내면으로 침잠하는 시간. 건축가 김승회는 그 시간을 위해 이 집을 만들었다.

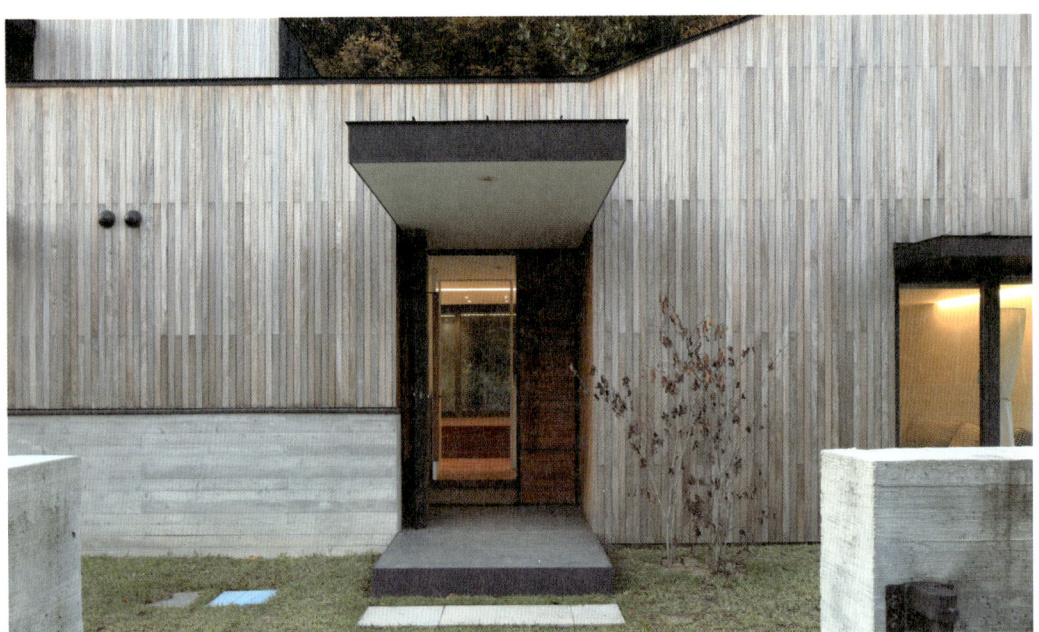

여주주택의 현관

반전에 반전을 거듭하는 첫인상

▬▬▬▬ 선생님, 새 건물 맞죠? 왠지 오래전부터 여기 있었던 것 같아서요.

▬▬▬▬ 아마 옹벽의 나뭇결 무늬가 그런 느낌을 주는 것 같아요. 또 경사에 맞춘 분절된 콘크리트 벽이 주변 풍경과 어울려서 그런 것 같기도 하고요.

분명 39평짜리 작은 집이라고 했다. 그런데 밖에서 보니 눈앞에 서 있는 옹벽의 높이와 길이가 만만치 않다. 급한 경사지에 들어앉기 위한 주택의 필연적 생존방식은 옹벽을 빼고는 상상할 수 없다. 땅을 돋우기 위해 세워진 옹벽은 그 뒤에 수백 평에 이르는 거대한 저택을 상상하게 한다. '그래도 그렇지 조금 과한 거 아니야?'라고 단정 지으려는

나뭇결의 질감이 느껴지는 외벽

찰나 나뭇결의 질감이 눈에 들어온다. 그리고 눈을 들어 주변을 가만히 살피니 온통 나무요, 숲이다. 어쩔 수 없는 건축적 장치에 오래된 나무의 흔적을 남겨두니 언뜻 풍경에 녹아드는 듯하다.

대문에 들어서니 또 한 번의 반전이 시작된다. '그래, 작은 집이라고 했었지.' 그제야 실체를 파악한다. 숲 속의 집이라는 것을 다시 한 번 강조하듯 외벽은 나무를 주재료로 마감했고, 숲의 색채를 옮겨다놓은 듯 검은 아연판과 송판노출콘크리트를 사용했다. 실재 나무의 부드러움과 나뭇결이 새겨진 콘크리트의 생감과 질감의 조화는 차이를 바탕으로 한 유사성을 자아내고 있다. 또 한 마리 새가 나는 모양의 지붕은 이 집의 특성이면서도 가운데를 중심으로 양 옆으로 공간이 나뉘어 있

히노키 욕조가 돋보이는 욕실

다는 암시를 주기도 한다. 뒷면의 산세를 따라 이 집 지붕도 조용히 오르내린다.

보이지 않는 경계로 나누고 엮은 열한 개의 공간

— 거실과 서재를 둘러봤는데 이 집은 희한하게 방이 없네요?

— 이 집은 사랑채와 같은 공간이어서 아래 거실에서는 손님을 맞이하고, 위의 작업실에서 일도 하는데, 작은 방도 물론 있죠. 사랑채 주인이 자는 작은 방처럼 숨어 있습니다.

현관을 열고 들어가자 느닷없이 바로 욕조가 보인다. 벌거벗은 사람이 없는 것을 다행이라 여기며 시야를 넓히니 뒷산으로 향하는 풍요로운 창과 아늑한 대청마루까지 눈에 들어온다. 일본 히노키 나무욕조와 대청마루의 조우라니, 집의 현관에서 마주친 풍경치고는 꽤나 파격적

사랑채의 거실과 다락방

이다. 하지만 이런 파격은 슬라이딩 벽체를 움직여 닫음으로써 내밀한 공간으로 다시 극적으로 변주된다. 이 집에는 이렇게 닫히고 열리는 방과 공간이 총 열한 개나 된다. 건축가는 이 집을 크게 사랑채와 안채로 분리했다. 거실, 서재 겸 작업실, 그리고 사랑채 침실을 한데 묶어 현관 왼쪽에 두었고, 사적 공간인 침실과 다락을 오른쪽에 두었다. 역할이 명확하게 구분된 두 영역은 공간적으로는 모호하게 분리되어 있다. 그래서 집은 두 개의 큰 덩어리로 느껴진다.

사랑채의 거실은 2층 높이로 뚫려 있고 부엌 위로 계단을 따라 올라가면 서재 겸 작업실이 있다. 하지만 벽을 두고 확실히 구획된 것이 아니라 수직적으로 분리해 놓았다. 사실 잠을 자고 씻는 공간이 아니라면, 어차피 건축가 본인을 위한 작업실인 만큼 굳이 명확히 구분할 필요가 없는 것이다. 그러니 씻는 공간조차도 미닫이문으로 여닫으면서 시시각각 상황에 따라 공간을 연출한다. 다만 안채의 침실과 다락만은 확실한 독립 영역으로 구분지었다. 특히 다락은 마치 한옥의 안

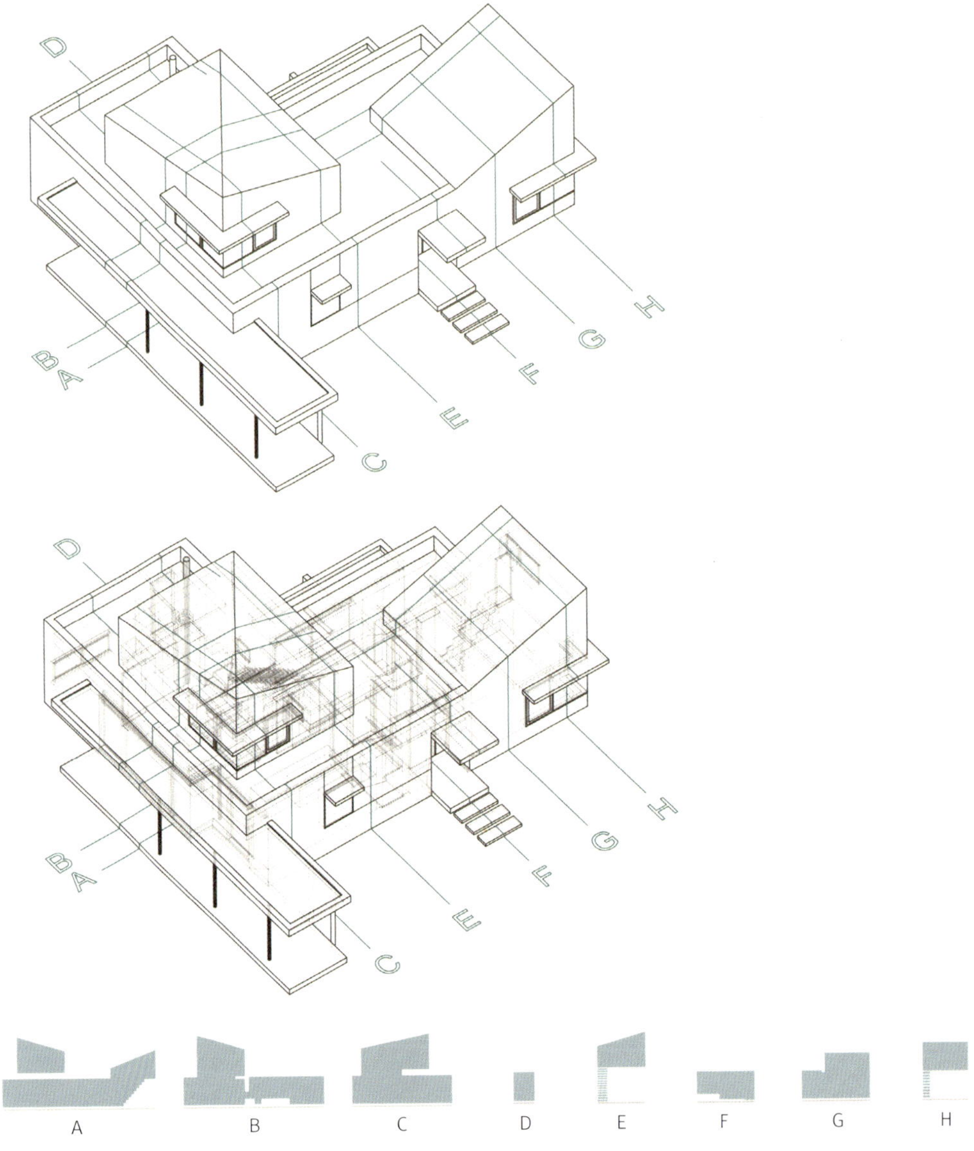

여주주택의 다이어그램

방에 다락이 숨어 있는 것마냥 한 귀퉁이를 내어줬는데, 건축가는 이 작은 다락방에서 책도 읽고 찜질방처럼 방 온도를 올려놓고 누워 몸을 풀기도 한다.

부드럽게, 은은하게, 소담하게

▬▬▬ 계단이 너무 좁은 것 아닌가요? 두 사람이 걸을 수가 없는데요?

▬▬▬ 아, 제 몸에 맞춰서, 저 한 사람이 올라가기에 적합한 치수로 정해서 그래요. 굳이 넓을 필요가 없으니까요.

60센티미터. 손을 쫙 펼쳐서 엄지손가락 끝에서 새끼손가락 끝까지, 세 뼘. 이 집의 거실에서 서재로 오르는 계단 폭이다. 벽에 붙은 책장의 깊이 15센티미터를 빼면 실제로는 45센티미터에 불과한 것이다. 계단은 두 사람이 지날 수 있는 1.2미터가 보통이다. 그런데 절반밖에 되지 않는다니. 이 또한 세컨드하우스이기에 시도할 수 있는 디자인이다.

최근에는 건축법에 설계를 위한 규모, 규격 등의 기준이 정해져 있다. 아파트 층고가 비슷비슷한 것도 다 그에 기인한다. 이는 물론 신체 비례나 인지 심리 등에 기반을 두고 과학적으로 입증된 내용이며 합의된 것이지만, 과거에는 그야말로 짓는 사람 마음대로 디자인할 수 있었던 때도 있다. 한국의 대표적인 현대건축물 공간사옥을 보면 층고가 2.3미터에 불과하다. 또 옥상을 오르는 계단도 채 50센티미터가 되지

계절과 시간에 따라 변하는 자연을 그대로 느낄 수 있는 여주주택

않는다. 이런 것도 지금의 법을 적용하면 불가능한 것이 된다. 하지만 여주주택에 있는 한 사람이 겨우 지나갈 수 있는 계단은 과거의 디자인을 재현하면서 내 몸에 꼭 맞는 공간을 만들어간다.

이 집에는 이런 공간이 두 군데 더 있다. 바로 사랑채의 작은 방과 안채의 다락이다. 2.2×2.4미터의 작은 방들. 두 개의 방은 내벽 마감도 한지로 했다. 특히 사랑채 방은 좌식 생활에 기초해 창문을 뚫어놓아 앉아서 팔을 걸치고 밖을 내다볼 수 있다.

건축가 김승회가 자신의 집에 이런 작은 방을 여럿 두게 된 것은 한옥에서의 경험 때문이다. 그는 대학에 다니던 시절부터 도시 한옥에 꾸준한 관심을 가져왔으며, 여주주택을 설계할 당시에는 경상도 지역의 고건축을 답사하고 있었다. 그러다 함양의 한 한옥에서 잘 기회가 있었는데, 그때 사랑채에 붙어 있는 작은 방에서 자게 되었다. 아침에 눈을 떠보니, 방문의 창호지를 뚫고 내비치는 은은한 빛이 공간과 김승회의 감성 속에 스며들었다. 그 광경을 마음에 담아두고 이 집을 지을 때 그런 공간을 만든 것이다. 그것을 알아차린 것인지 서울시립대학교 건축학부 송인호 교수는 이 집에 대한 감상을 이렇게 전한다.

'거실 의자에 기대어 앉아 바라보는 풍경이 여유롭다. 노출콘크리트의 거친 수직면과 단단한 금속면, 매끄럽고 평활한 수평면과 도톰한 한지로 감싼 부드러운 면들이 공간의 윤곽과 빛을 한정하고 있다. 그 면들

의 크기와 비례는 중력의 영향을 크게 벗어나지 않으면서, 건축가의 경험과 직관으로 조율된 것이다.'

내 삶에 맞는 집을 찾아서

주택은 삶이 형상화된 공간이에요. 개인의 공간이 지극히 사적인 삶을 담고 있더라도, 그 공간은 언제나 그가 속한 시대와 그 시대 주택의 전형에 닿아 있죠. 건축의 역사 속에 등장하는 주택의 형식, 이를테면, 아파트, 사합원, 한옥, 마치야……. 이 이름들은 모두 한 시대, 한 지역의 '집의 전형'을 일컫는 단어이자 한 시대 삶의 형식입니다. 전형의 탐구는 전통적인 주거 형식과 새로운 삶의 요구를 성찰하는 지점에서 비롯될 것입니다.

건축가 김승회는 집을 많이 지어본 건축가로 손꼽힌다. 주택은 삶이 형상화된 공간이라 말하는 그는 '주택의 전형'을 찾아 끊임없이 작업하고 있다. 그런 건축가가 스스로 건축주가 되어 지은 것이 바로 여주주택이니 이곳에는 그의 로망과 수많은 경험, 그리고 자신의 공간을 위해 해보고 싶었던 다양한 시도가 얽히고설켜 있다. 다양한 시도는 건축가의 노련한 손길을 따라 정제되어 투명하고, 주변과 소통하는 세련된 공간을 만들어냈다. 송인호의 비유를 다시 인용하자면 '내부 공간의 윤곽은 바느질 솜씨가 좋은 침선장이 지은 옷처럼 야무지고 견실하다.'

이 집은 계절과 시간에 따라 원하는 모습으로 변화한다. 집 안에 담긴 열한 개의 서로 다른 공간들, 그리고 외부 공간과 결합된 공산의 선개를 통해서 작은 공간이 만들어내는 자유를 누린다. 여주주택은 부동산 투자의 대상도 아니고 디자인 원칙을 엄격하게 적용한 것도 아니다. 그의 삶에서 절실하게 필요로 했던 자신을 위한 집을 자신이 사는 방식에 맞춰 지은 것뿐이다. 아마도 이 작업은 주택의 원형을 찾는 여정에서 큰 도약이 될 것이다.

ARCHITECT NOTE

현대 주택 속의
전통건축 인테리어

여주주택은 건축가인 내 자신의 작업실이자 집이다. 그리고 '작은 공간'에 대한 실험이기도 하다. 대형 냉장고와 세탁기, 그리고 커다란 가구들은 큰 공간을 원한다. 특히 아파트 공간은 편리한 삶을 위해 개발된 이런 기기들을 규격화된 틀 안에 집어넣는다. 만일 우리가 보다 유연하고 지속 가능한 생활 방식을 추구한다면 그것은 분명 작은 집, 작은 방에 담길 수 있는 삶일 것이다.

이 집은 40평이 안 되는 크기 안에 서로 다른 단면을 지닌 작은 공간들이 담겨 있다. 1.9미터 천장고 ceiling height 를 가진 욕실 겸 마루, 2층 높이로 열린 거실 등, 열한 개의 서로 다른 공간이 필요에 따라 생겨났다. 이 작은 공간들은, 역시 작은 스케일로 만들어진 계단, 가구, 디테일에 의해 충분한 공간감을 획득한다. 또한 분절된 각 공간들은 슬라이딩 도어, 한지 창문, 유리 프레임 등의 건축적 장치를 통해 열리고 닫히며 계속 변화하는 공간의 관계를 만들어낸다. 이 집은 계절과 시간에 따라 원하는 모습으로 변화한다. 집 안에 담긴 열한 개의 서로 다른 공간들, 그리고 외부 공간과 결합된 공간의 전개를 통해서 작은 공간이 만들어 내는 자유를 누린다.

여주주택은 오밀조밀한 공간에서 볼 수 있듯, 물리적인 구성부터 심리적인 분위기까지 전통건축에서 많은 부분을 참고했다. 이를 직관적으로 느낄 수 있는 방은 아무래도 전통적인 재료를 직접 사용한 사랑채의 작은 방과 안채의 다락일 것이다. 각 방에는 한지와 목재를 쓰되, 디자인은 현대적이면서도 내 신체와 생활방식에 맞게 만들었다.

현대 건축에 한옥이 등장하는 방식은 여러 가지로, 여주주택처럼 재료를 차용하는 방법, 툇마루와 같은 공간을 현대 건축에 접목하는 방법, 현대 건축물에 전통 건축물 그대로를 이식하는 방법(아름지기 사옥), 한옥 자체를 재해석하는 방법(가회헌) 등 다양하다. 이제 건축가들이 한옥을 바라보는 시선은 전통을 이어가겠다는 사명감보다는 '어떻게 하면 자연스럽게 한옥의 아름다움과 고즈넉한 분위기를 녹여낼 수 있을까?'에 가까운 듯이 보인다.

최근에는 개별 건축가들이 전통 건축을 해석해 작업에 대입하는 노력 이상으로 대중의 관심도 많이 높아졌다. 단순히 역사적으로 보존해야 할 대상이 아니라 실제로 사는 공간으로써 바라보기 시작한 것이다. 특히 한옥의 친환경적인 측면과 정서적인 측면 등 다양한 장점이 부각된 것이 한몫했다. 이러한 현상은 국가 정책적으로 장려하는 면도 있다. 2010년에는 한국토지주택공사에서 한옥의 멋을 살린 아파트 평면 타입을 개발했으며 2011년에는 건축도시공간연구소 국가한옥센터가 설립되어 본격적으로 전통건축의 보존 연구부터 신한옥의 보급과 활용까지 연구하기 시작했다. 이러한 토양이 점차 두터워진다면 한국의 자연환경과 한국인에게 적합한 주거양식을 찾아가는 하나의 줄기가 되리라고 기대한다.

家 + 生活

NATURE
FUKUOKA
WORK
RELAXATION

김억중

×

무호재
無號齋

건축가 김억중

그림 그리기를 좋아한다는 이유로 건축과에 진학했지만, 거리에 화염병이 날아들던 시절 탓에 수업 한 번 제대로 받지 못하고 엉겁결에 학사모를 쓰고 말았다. 그러던 어느 날 뜻밖에 찾아온 행운으로 유학길에 오르게 되었고, 난생처음 넓은 세상 속에 벌거벗은 듯 내던져진 자신을 바라보면서 부끄러움을 알았다. 손재주와 잔머리로 설쳤던 과거를 반성하고 가난한 마음으로 보냈던 6년의 유학 생활 동안 '생각을 짓는 것이 곧 건축'이라는 깨달음을 얻었다. 문학이라는 새로운 창을 통해 건축을 바라보게 된 것도 그 무렵이었다. 벼랑 끝 유학을 마치고 고향으로 돌아와서는 후학을 가르치는 행복을 얻었다. 오늘도 그는 책 내음 가득한 작업실에 앉아 '하늘과 땅과 사람 사이의 인연을 맺어주는 집다운 집의 진면목'에 대해 고민하고 있다.

주요 작품으로는 공주 어사재, 논산 사미헌, 광주 사가헌, 논산 애일헌, 대덕 아주미술관, 대전 엑스포 시민광장 무빙쉘터 등이 있다. 개인전 〈기호의 힘〉, 〈모델하우스〉, 〈애물단지〉, 〈愛物과 碍物 사이〉를 열었으며, 저서로 《건축가 김억중의 읽고 싶은 집 살고 싶은 집》, 《나는 문학에서 건축을 배웠다》가 있다.

HOUSE DATA

무호재

LOCATION	충남 공주시 반포면
PROGRAM	작업실 및 주거
SITE AREA	740㎡
DESIGN PERIOD	1998.06~1998.09
CONSTRUCTION PERIOD	1999.02~1999.04
EXTERIOR FINISHING	샌드위치 패널
INTERIOR FINISHING	샌드위치 패널, 노출콘크리트, 콘크리트블록, 시멘트 벽돌 위 한지

photo ⓒ 김하인

애물단지 단무지 공장이
보물단지로 변신하다

낡고 오래된 것에 대한 선생님의 생각을 듣고 싶습니다.

그동안 저는 버려지기엔 너무나 아까운 오래된 것들에 애정을 가져왔어요. 거기에 저의 재주를 살짝 더해 퇴물의 화려한 귀환을 성공적으로 이뤄낼 수 있었죠. 옛것을 낡았다고 버리지 말고 다시 한 번 꼼꼼하게 들여다보면 그로부터 분명 새로운 생명을 발견할 수 있을 겁니다. 건축도 마찬가지겠죠.

단무지 공장을 개조한 무호재의 외관

단무지 공장에서 삶과 예술을 논하다

■■■ 도대체 집은 어디 있는 겁니까? 분명히 이 근처에 있어야 하는데…… 집은 보이지 않고 온통 공장들만 보이니 걱정이 되네요.

■■■ 하하! 바로 여깁니다. 저희들이 오늘 갈 집이 바로 이곳이죠. 기존에 있던 단무지 공장을 리모델링해 무호재가 탄생한 겁니다.

■■■ 네? 누가 봐도 공장처럼 보이는 이 집이 오늘 주인공이라고요? 게다가 단무지 공장을요?

세계 패션의 일번지로 유명한 뉴욕 맨해튼 소호는 원래 공장과 창고가 마구잡이로 밀집된 지역이었다. 그런데 1950년대 도심지 공장의 가동률이 점점 줄어들자 빈 공장과 창고가 늘어났고, 이곳에 배고픈 예술가들이 숨어들어 공간을 점령하고 작업을 시작했다. 1960년대 들어서는 저렴한 임대료, 넓고 높은 공간을 창작 공간으로 활용하려는 예술가들이 본격적으로 모여들면서 급기야 예술가의 거리로 명성을 얻게 되었다. 이렇게 창고나 공장 등을 개조한 공간은 '로프트'라 불리며, 예술가들의 생활과 작품 생산의 장소가 되었다. 요즘도 로프트하우스는 '창고를 개조한 창작 공간'이라는 뜻으로 통용되고 있다.

건축가 김억중은 우연히 공주 계룡산 자락을 지나다가 본 허름한 단무지 공장에서 순간 로프트하우스의 가능성을 발견했다. 그는 눈에 콩깍지가 씐 것처럼 운명적으로 공장에 이끌리고 말았다. 시큼시큼 썩은 단무지 냄새가 코를 찌르고 쓰레기에 뒤덮여 폐허가 되어버린 그 공장을 마주하자마자 흙 속의 진주를 발견한 듯 그는 신이 났다. 꽤 튼튼한 골조로 만들어진 단층의 노출콘크리트 구조물. 에라, 모르겠다. 그는 그 공장을 발견한 날 바로 계약서에 도장을 찍었다.

다 더해봐야 10여 곳 겨우 넘는 이웃집과 산자락 풍경이 고즈넉한 시골마을. 여기에 위치한 오래된 공장. 운명과도 같은 만남에 떨리는 마음은 여기까지다. 건축가는 이 낡은 구조물을 생각을 짓는 공장으로 바꾸기 위해 스케치를 시작했다.

꿩 먹고 알 먹고, 도랑 치고 가재 잡는 기적의 리모델링

──── 선생님, 이 공장…… 아니 이 집에도 혹시 이름이 있나요?

──── 네, '호가 없는 집'이라고 해서 무호재입니다. 있는 듯 없는 듯 마을의 공장 풍경 속에 자연스럽게 스며들면 좋겠다는 생각에서 이름 붙였어요.

리모델링은 지은 지 오래되어 곰팡내가 나고 녹물이 나오는, 한마디로 볼 장 다 본 낡은 건물에 새로운 효용성을 부여하는 일이다. 구조를 보강하고, 새로운 설비와 실내 디자인으로 개보수하는 것을 뜻한다. 좀 더 적극적으로 외부 입면 디자인까지 손볼 수 있다. 일제강점기 때의 대법원을 재탄생시킨 서울시립미술관이나 연극 전문 공연장으로 거듭난 명동예술극장, 정수장을 공원화시킨 선유도공원같이 기존의 것과 새로운 것이 조화를 이루게 하고, 낡은 것을 손봐서 정상적으로 돌아갈 수 있도록 하는 것이다.

리모델링의 의미는 자원 절약, 부동산 가치 제고 등 경제적인 부분에서도 찾을 수 있는 한편 기존의 도시 맥락을 이어 나간다는 또 다른 의미가 있다. 오래되고 낡았다 하더라도 살릴 수 있는 부분은 최대한 살려 거기에 묻혀 있는 사람들의 기억과 마을의 풍경도 함께 남겨두는 것이다.

이 공장을 로프트하우스로 탈바꿈시키기로 결정한 뒤, 건축가는 공장의 노출 콘크리트 뼈대는 유지하고, 쓰임새에 맞게 공간 구획만 다시 하기로 했다. 재생의 차원으로 접근하여 마을의 한 부분으로 존재하는 겉모습은 그대로 살려두었다. 그래서 아무리 뜯어봐야 이 집의 외관은 공장이 아닐 수 없다. 이름도 이에

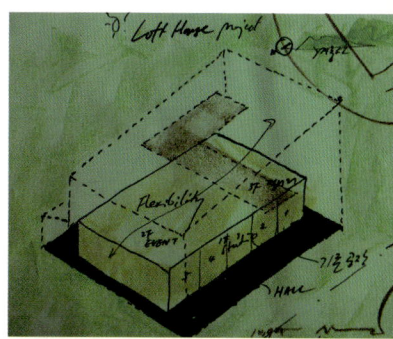

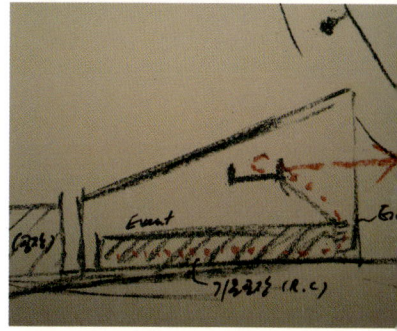

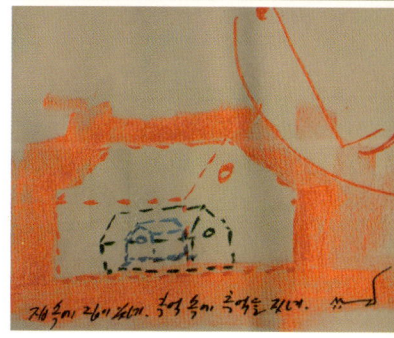

건축가 김억중이 그린 무호재 스케치

걸맞게 '무호재'라 지었다. 별다른 호 없이 있는 듯 없는 듯 마을 속에 녹아드는 집이라고. 하지만 어떤 이들은 "이게 무슨 집이냐!"며 계속 낯설어한다. 그렇지만 그 고정관념을 벗는 순간 생각은 얼마든지 바뀔 수 있고, 집에 관한 의식은 확장되게 마련이다.

타공 시멘트블록을 활용한 무호재의 독특한 벽면

소탈한 얼굴 뒤로 바쁘게 돌아가는 생각 공장

■──── 외관이 너무 소탈해서 별 기대를 하지 않았는데, 들어와보니 여긴 그냥 단순한 집이 아니네요!

■──── 그렇죠. 다섯 개의 스튜디오가 복작복작 돌아가면서 끊임없이 무언가를 만들어내고 있어요.

미국의 소호에서 로프트가 주로 대형 미술작업을 하는 작가를 위한 공간이었다면 무호재는 텅 빈 내부 공간을 건축가와 음악가인 부부의 삶에 맞춰 층을 나누고 평면을 구성했다. 사실 두 사람을 위한 집이라고 하기에 공장 건물은 너무 덩치가 크다. 일반적인 주택을 기준으로 높이를 짜기에도 애매하고, 게다가 경사진 지붕은 공간 활용에도 불리한 면이 있다. 그래서 건축가 김억중은 로프트하우스라는 용도에 맞게 1층만 독립된 스튜디오 공간으로 규정하고 그 위의 생활 공간은 변화의 가능성이 있는 열린 공간으로 만들었다. 시시때때로 용도를 달리해 사용할 수 있도록 말이다.

집에 들어서자마자 무엇보다 눈에 띄는 것은 이렇게 공간을 나누기 위해 사용한 타공 시멘트블록이다. 표면을 별도로 마감하지 않고 시멘트블록의 조형성과 공간성을 그대로 살려 내부 벽면을 쌓아놓은 것이 이 집의 질박한 느낌과 절묘하게 어울리면서 새로운 공간감과 깊이감을 만들어낸다. 1층 입구부터 이렇게 시멘트 벽돌로 쌓리한 벽이 나타난

무호재의 내부 공간

다. 그리고 그 사이사이에 마치 하나의 도시처럼 길을 내고 다섯 개의 방으로 들어가는 문이 나타난다. 각기 다른 다섯 아틀리에 중 두 개는 김억중의 작업실이고 하나는 바이올린 연주자인 부인의 연습실이다. 그야말로 칸칸이 다른 이야기와 풍경, 소리들이 샘솟는다.

2층에 올라가자마자 눈에 띄는 것은 벽면 하나를 가득 채운 책들이다. 그동안 김억중이 창작 활동의 원천으로 읽어온 만 권에 이르는 책들이 벽면에 가득 꽂혀 있으니 아닌 말로 인테리어가 따로 필요 없다. 김억중은 당나라 시인 두보의 말을 빌어 '부귀는 반드시 고생스런 근면함으로부터 얻어야 하고, 남아는 모름지기 다섯 수레의 책을 읽어야 한다(富貴必從勤苦得 男兒須讀伍車書)'고 말한다. 그만큼 그는 많은 책을 읽고 또 읽어 그 속에서 건축을 다시 배운다. 게다가 이곳을 지나 이른 다른 서고에는 손때 가득한 고서들이 차곡차곡 쌓여 와인과 함께 보관되고 있으니, 책이든 술이든 시간 속에서 점점 그 가치를 더해간다는 진리가 여기에 있다.

서재 뒤편에 고서를 모아둔 별도의 방을 지나면 주방과 침실, 기도실이 이어져 있다. 집의 깊숙한 곳에 개인적인 공간을 숨겨둔 것은 아마도 이 집에서 열린 공간은 모두 하나로 엮어 활용하기 위함이 아닐까? 이미 건축가 부모님의 회혼례를 무호재에서 치르면서 집 안 전체를 한바탕 시끌벅적하게 공연장으로 꾸민 일이 있었다. 이런 이벤트가 가능한 것은 이 집이 열린 공간으로 만들어져 유연하게 용도 변경을 할 수 있기 때문일 것이다.

건축가 김억중의 Ready-Fade Art 작품들

버려진 것들에 새로운 생명을

─── 집 안 곳곳 폐기물이나 옹기는 재활용하기 위해 모아두신 거죠?

─── 그렇죠. 옛 물건 중에는 이제 용도는 다했지만 버려지기엔 아까운 것들이 많아요. 저는 그런 온갖 잡동사니들을 가져와 예술적 개입으로 새로운 생명을 불어넣고 있어요.

김억중은 낡은 공장을 창작 공간으로 살려냈다. 만일 그대로 두었다면 사라졌을지도 모를 퇴물을 화려하게 부활시킨 것이다. 공장 구조체의 콘크리트는 그대로 거친 속살을 드러내고 그 위를 지나는 검은 전깃줄은 눈치도 보지 않고 제 갈길 따라 어디론가 이어진다. 샌드위치 패널

의 아이보리색은 집 안 전체 분위기를 아우른다. 건물만이 아니다. 건축자재로 쓰이는 시멘트 압출 패널은 어느새 거실 한가운데 버젓이 테이블로서 당당히 자리를 차지하고 있다. 무호재는 이렇게 건축 재료나 시공이 날 것 그대로 드러나는 집, 때가 묻어도 티도 나지 않는 편안한 집이다. 정제된 디자인과 새집에 익숙한 우리에게는 오히려 더 낯선 풍경일 수 있다. 하지만 무릎 나온 트레이닝복처럼 오래된 것이 주는 따뜻함은 갑절의 돈으로도 살 수 없다.

최근에 그는 그의 집뿐만 아니라 또 다른 버려진 물건을 새롭게 재구성하는 Ready-Fade Art 작업에 여념이 없다. 그의 집에 들어가면 온갖 사발이며 옹기며 잡동사니들이 즐비하다. 김억중은 불과 3, 40년 전

전시실에서 내려다본 거실

까지 밥을 담아 먹고 장을 담아 두던 생활도구들을 모아서 색을 칠하거나 조합해 전혀 다른 예술 작품으로 승화시키고 있다. 그래서 그의 작업실이 두 군데인 것이다. 하나는 건축 작업용, 하나는 재생 작업용. 그의 손을 거쳐 새로운 생명을 얻은 작품들은 적재적소에 놓여 인테리어 소품으로 빛을 발한다.

사실 웬만한 아내라면 이런 남편의 취미를 감내하기 힘들었을 것이다. 아마도 남편이 들고 오는 오래되었거나 버려진 물건들을 내다 버리는 데 바쁘겠지. 다행히도 이 부부는 취미가 맞는지 곳곳에 오래되었거나 버려진 물건들 천지다. 아내도 세계 각국을 돌며 이것저것 모은 것을 침실에 전시해두었다.

있는 그대로의 아름다움

━━━━━ 사실 어렸을 적부터 제 꿈도 이런 로프트하우스를 갖는 거였어요.

━━━━━ 아, 정말이세요? 저도 예술가들과 함께 교류하면서 작업하는 게 늘 꿈이었죠. 이 집을 통해 드디어 꿈을 이뤘습니다.

창조적인 일을 하는 사람이라면 그 일이 무엇이든 간에 작업에 몰입할 수 있는 나만의 공간이 필요할 것이다. 그 누구의 간섭도 소음도 배제된, 나에게 집중할 수 있는 곳. 그러면서도 한편 많은 이들과의 교류가 가능하고 작업에 힘을 얻을 수 있는 장소도 필요할 것이다. 그런 요구가 한데 모여 창작 공동체와 창작 공간을 이루게 된다.

고즈넉한 시골마을에 자리한 무호재는 건축가 김억중의 이런 오랜 소망이 실현된 곳이다. 개인 작업실과 널찍한 서재, 삶의 공간이 한데 어우러져 있는 질박한 공간. 그거면 됐다. 옛것을 소중히 여기고, 있는 그대로의 소박한 모습을 아끼는 그의 집에서는 오늘도 바쁘게 생각이 만들어진다. 공장의 굴뚝에는 연기 대신 그의 행복이 피어오른다.

ARCHITECT NOTE

새로 지을 것인가?
고쳐 지을 것인가?
리모델링의
체크리스트

일부 리모델링 프로젝트는 낡은 것을 고쳐 쓴다는 말이 무색할 정도로 기존 건물에서 뼈대든 디테일이든 과거의 것을 과도하게 지워버리곤 한다. 건물이 무너지지 않을 최소한의 구조체만 남기고 싹 털어버리는 것이다. 이는 실용적일 수는 있겠으나, 옛것과 새것 사이의 미학적 대비와 긴장에서 오는 그 집만의 고유한 가치와 품격을 배척하는 꼴이 되고 만다. 리모델링을 하기로 마음먹었다면 '지금', '여기'에서 해결해야 할 현실적인 문제를 적극적으로 풀어가되 기존 건물을 둘러싼 대지, 건축 과정, 그 속에 배어 있는 삶의 궤적을 재해석하여 시간의 차원을 공간 속에 담아내려는 건축적 의지가 가장 중요하다. 가스통 바슐라르가 말했던 것처럼 우리가 기억하는 것은 단순히 지나간 시간, 그 자체가 아니라 시간이 담겨 있는 공간이라는 점을 받아들일 필요가 있다.

나는 늘 손때보다 더 아름다운 장식은 없다고 생각해왔다. 버려진 것, 지나간 것, 잊혀지기 쉬운 것들에 대한 따뜻한 시선을 유지하며 기존 건물에서 읽을 수 있는 대지 주변과 환경의 변화 과정, 지나간 삶의 흔적들, 곳곳의 디테일에 묻어 있는 오래된 기억들에 이르기까지 꼭 간직할 만한 시간의 흔적들이 무엇인지를 꼼꼼히 들여다보고 그 가치를 읽어내는 작업이 우선되어야 한다. 그 요소들을 중심으로 설계 방향이

김억중 ■ 무호재

정해질 수 있기 때문이다.

리모델링을 하면서 흔히들 건물 표면 처리(마감 재료, 장식, 디테일 등)에 집착하기 쉽지만, 껍데기에 휘둘리기보다는 새롭게 탄생시켜야 할 공간 구성에 더 큰 주의를 기울여야 한다. 건축설계는 멋진 그림을 얻기 위한 것이 아니라 새로운 삶을 지어야 하는 것이기 때문이다. 기존 건물의 대지 주변 환경을 꼼꼼히 살펴보면 그 가치를 제대로 누리지 못했던 경관 요소들이 의외로 많다. 무호재만 하더라도 리모델링을 하면서 창문을 새롭게 뚫어 주변의 산과 경치를 끌어들인 것이 가장 값진 결과다. 리모델링을 통해 새로운 공간을 만들되 그렇게 별 볼 일 없었던 요소들을 값어치 있는 요소로 뒤바꿀 수 있는 묘미를 놓쳐서는 안 된다. 요컨대 리모델링은 안(내부 공간)과 밖(외부 공간) 사이의 관계를 새롭게 정립하는 계기라는 점에 주목해야 하며 그것이 곧 주요 콘셉트와 평면 구성의 골격이 되어야 한다.

주요 콘셉트를 구체적으로 실현시키기 위해 우선 고려하고 판단해야 할 사안은 기존 건물의 현황 파악을 통한 구체적인 증·개축 가능성 여부다. 이를 위해서는 구조 전문가로부터 기존 구조시스템의 수명과 안정성, 확장성 등에 대한 면밀한 검토를 받아야 한다. 아울러 구조시스템의 재료와 형식을 숙지하고 건물 전체에서 '지지하는 요소(주구조, primary structure)'와 '지지받는 요소(부구조, secondary structure)'를 잘 구별하여 리모델링시 주구조는 가능한 한 손을 대지 않는 것이 바람직하다.

새로운 기능을 잘 소화할 수 있는 평면 구성을 위해서는 구조체의 위치, 크기는 물론 배열을 염두에 두면서 공간의 분할과 윤곽의 새로운 해석 가능성을 살펴보아야 한다. 그에 따라 옛것과 새것 사이의 대비를 이루어낼 수 있도록 면밀한 형태 구성 전략을 세워야 한다. 무호재의 경우는 기존 건물을 놔두고 그 외곽을 새로운 구조체로 감싸면서 옛것과 새것 사이의 대비를 만들어낸 결과라 할 수 있다. 그 둘 사이의 대비는 단순히 미학적인 성과를 이루어내는 데 그치지 않고 궁극적으로는 동일한 규모의 신축공사보다 비용을 절감할 수 있는 요인이 되는 것이 바람직하다. 결국 가장 중요한 것은 평면 구성에서 디테일 구성에 이르기까지 옛것과 새것 사이의 대비를 통해 주요 콘셉트를 일관되게 구현할 수 있는 디자인 능력인 셈이다. 가장 많이 신경써야 할 것은 재료가 아니라 아이디어라는 점.

재료 선택에서도 값비싼 재료가 건축의 질을 결정할 것이라는 고정관념을 버리는 것이 좋다. 모든 재료 선택의 성패는 그 자체의 값에 있지 않고 형태 구성의 과정에서 적절하게 쓰였는지 여부에 달려 있기 때문이다. '기존의 것'과 '덧붙여진 것' 사이에서 '정형'과 '부정형', '거친 것'과 '매끈한 것', '광택'과 '무광택', '후퇴색'과 '돌출색' 등의 매우 정교하게 계산된 대비를 통해 값싼 재료도 얼마든지 고귀한 품격을 지닌 재료가 될 수 있다는 뜻이다. 모든 재료는 쓰는 사람의 디자인 능력에 따라 값비싼 재료도 천박하게 바뀔 수 있으며, 값싼 재료도 보석처럼 바뀔 수 있다는 점을 잊어서는 안 된다. 형태를 구성하는 과정에서 모든 요소의 크기, 위치, 모양, 방향이 적재적소에 제대로 설정되고, 구축하고자 하는 공간을 잘 열고, 닫는 데 적절하게 기여하도록 잘 선택한다면, 결과적으로 훌륭한 디자인이 나오기 마련이다.

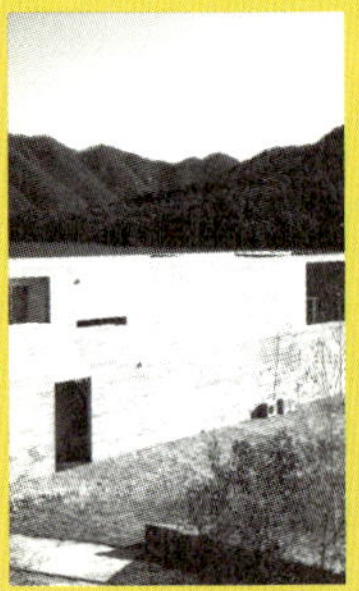
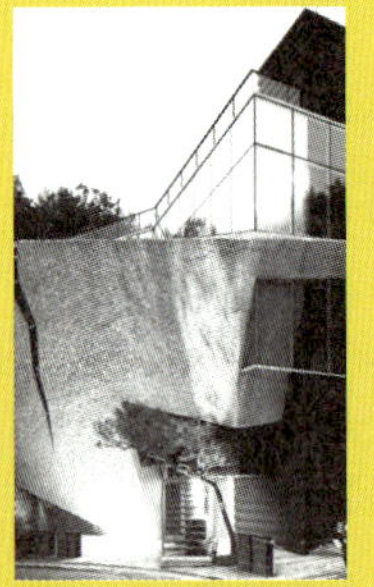
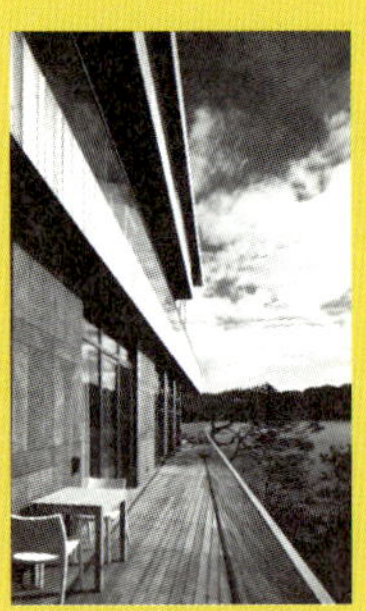
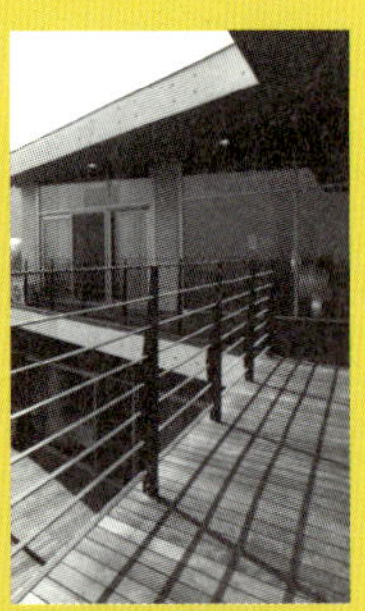
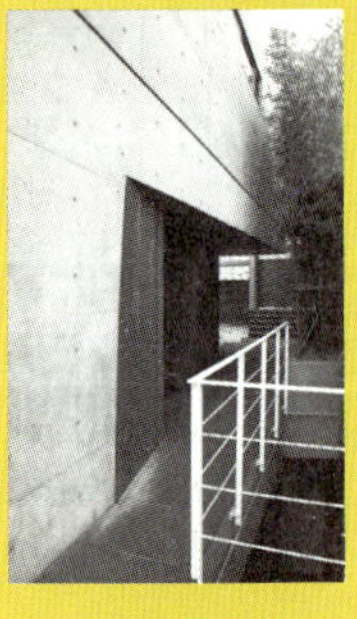
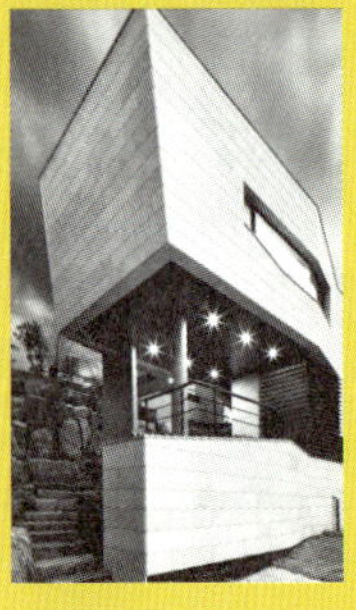
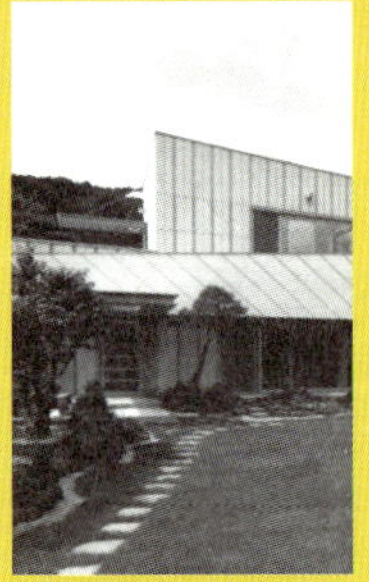
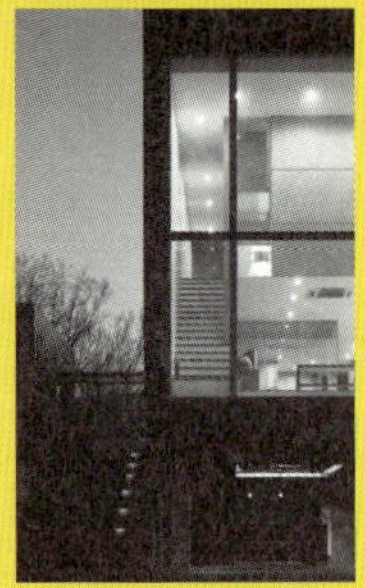
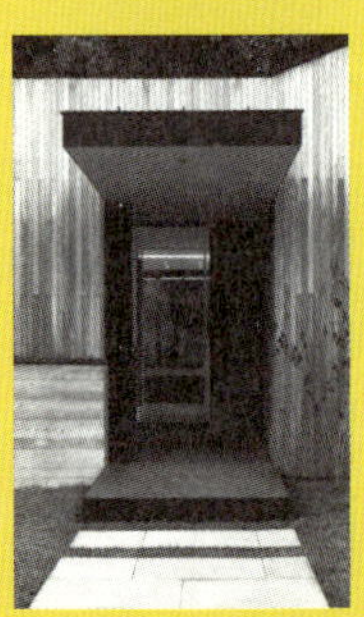
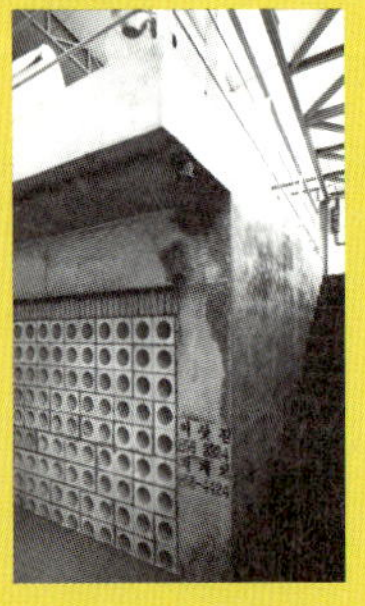
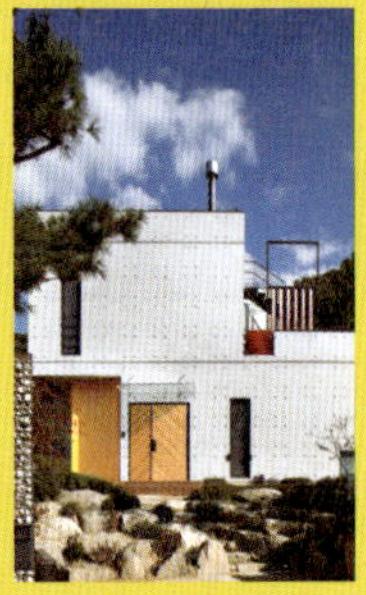
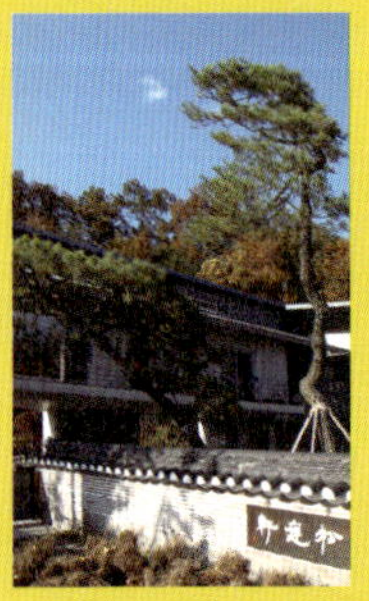
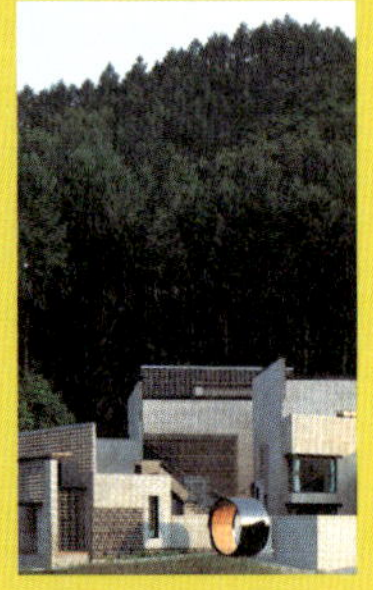

PART 4
집 더하기 쉼
게으름이 살아 숨쉬는 집

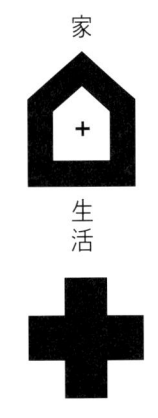

家
生活

NATURE
NEIGHBOR
WORK
RELAXATION

구만재 × 메종 404
MAISON 404

건축가 구만재는 프랑스 아틀리에 페닝겐Atelier Penningghen에서 기초 예술학을 수료하고 파리 고등 실내건축학교 E.S.A.G를 졸업한 프랑스 공인 실내건축사 C.F.A.I. 이다. 프랑스 AAR & A, BERTHET - POCHY에서 실무를 익히고 현재 르 씨지엠 대표이자 가천대학교 실내건축학과 겸임교수로 재직 중이다.

그가 가장 중요하게 여기는 부분은 바로 관계성이다. 건물을 만드는 작업에 앞서 주변 환경과 건축의 조건, 건축주와 건축가, 건축주와 건물, 건축주 상호 간의 관계에 대해 다방면의 고찰을 중요시하는 그는 공간설계와 디자인을 맡으면 건축주의 삶을 먼저 관찰한다.

주요작품으로는 메종maison 351, 메종maison 5911, 메종maison 101 등이 있다.

건축가 구만재

HOUSE DATA   메종 404

LOCATION	경기도 양평군 옥천면 신복리 404-14
PROGRAM	주기시설
SITE AREA	146.76m²
DESIGN PERIOD	2010. 01~2010. 03
CONSTRUCTION PERIOD	2010. 05~2010. 09
EXTERIOR FINISHING	노출콘크리트, 목재
INTERIOR FINISHING	원목마루, 수성도장

photo ⓒ 신지환

해외 유명 관광지 못지않은
우리 가족만의 핫 플레이스

좋은 집이 꼭 갖춰야 될 **가장 중요한 덕목**은 무엇일까요?

저는 융통성이라고 생각해요. 좋은 집이라면 응당 융통성이 있어야 합니다. 한 번 지어지면 그것으로 끝인 게 아니라 집도 시간의 흐름을 받아들일 수 있어야 한다는 뜻이죠. 아이들이 초등학생이 되고 금세 자라 언젠가 독립하더라도 나중에 벽 곳곳에 아이들 졸업사진과 가족사진쯤은 멋지게 걸어야 할 것 아니에요. 집은 사람들의 이런 변화를 수용할 수 있는 여유로운 공간이 되어야 합니다.

얘들아! 우리 집으로 여행 갈까?

──── 건축주가 이 집을 짓겠다고 생각했을 때 가장 중요하게 고려한 부분이 있나요?

──── 주말에 애들을 데리고 어디론가 떠나고 싶은데 시간도 없고, 어디를 가려고 해도 멀고 하니 아이들이 놀 수 있는 공간을 많이 만들어달라고 부탁을 했어요.

주말을 앞둔 부부의 대화는 보통 이렇다. "여보, 이번 주말에 애들 데리고 산이나 바다로 좀 놀러 갈까?" 아내가 이렇게 말을 하면 "아우, 길 막혀. 사람도 많고. 귀찮은데 집에 그냥 있자. 응?"이라는 남편의 답이 돌아온다. "당신 애들 생각은 안 해? 어릴 때 여기저기 여행도 같이 다니고 그래야지! 애들 크는 거 금방이야." 따갑게 쏘아붙이는 아내의 말에 "나도 주말엔 좀 쉬자!"라고 남편은 볼멘소리를 한다. 어린 아이들을 둔 부부는 주말 계획을 세우기에 앞서 '달콤한 늦잠과 여유 (그리고 부부싸움)' 혹은 '가족과의 (고되지만) 단란한 외출' 사이에서 선택의 기로에 놓인다.

한국을 방문하는 외국인을 고객으로 하는 건축주 부부는 매주 똑같은 고민을 반복하다가 큰 결심을 한다. '주말주택을 짓자!' 어디로 놀러갈지 고민하지 않고 사람들에 치일 걱정 없이 편히 쉬다 올 수 있는 우리 가족만을 위한 집. 그리고 도시에서 자라는 아이들이 자연 속에서 뛰놀 수 있는 집. 아빠는 가족 모두에게 여유와 자연을 선물하기 위해 집을 짓기로 했다.

이제 금요일 저녁이면 아빠와 엄마는 서류 뭉치를 덮고, 아이들은 숙제를 던져두고 또 하나의 집으로 떠난다. 양평으로 향하는 차 안에서 가족은 수다를 떤다. "오늘 저녁에는 뭘 해 먹을까?", "올 여름 마당에는 어떤 나무를 심을까?", "지난주에 놀러온 아기 멧돼지는 얼마나 컸을까?" 이야기는 꼬리를 물며 서울에서 양평까지 줄줄이 이어진다.

건축가와 건축주가 함께 지은 집

────── 집이 그렇게 크지 않네요. 그리고 주변에 수풀이 우거져서인지 야생의 느낌이 강해요.

────── 하하, 그런가요? 저는 일부러 이 주말주택을 조금 작게 지었어요. 관리하기 편하도록 말이죠. 그리고 최대한 넓은 자연을 돌려드렸어요.

아이들이 뛰어놀 수 있는 집을 짓기 위해 건축주는 건축가 구만재를 만났다. 두 사람이 만난 것만 해도 대단한 인연이지만 둘이 합심하여 집을 짓기 위해서는 긴밀한 관계를 맺는 일이 우선되어야 한다. 건축 설계, 특히 주택 설계는 한 가족의 문화와 생활을 담는 일이기에 건축가들은 건축주와 친밀하고 밀도 높은 관계를 맺기 위해 그들의 삶을 관찰하고 많은 대화를 나눈다. 사실 건축가들은 엄청난 수다쟁이다.

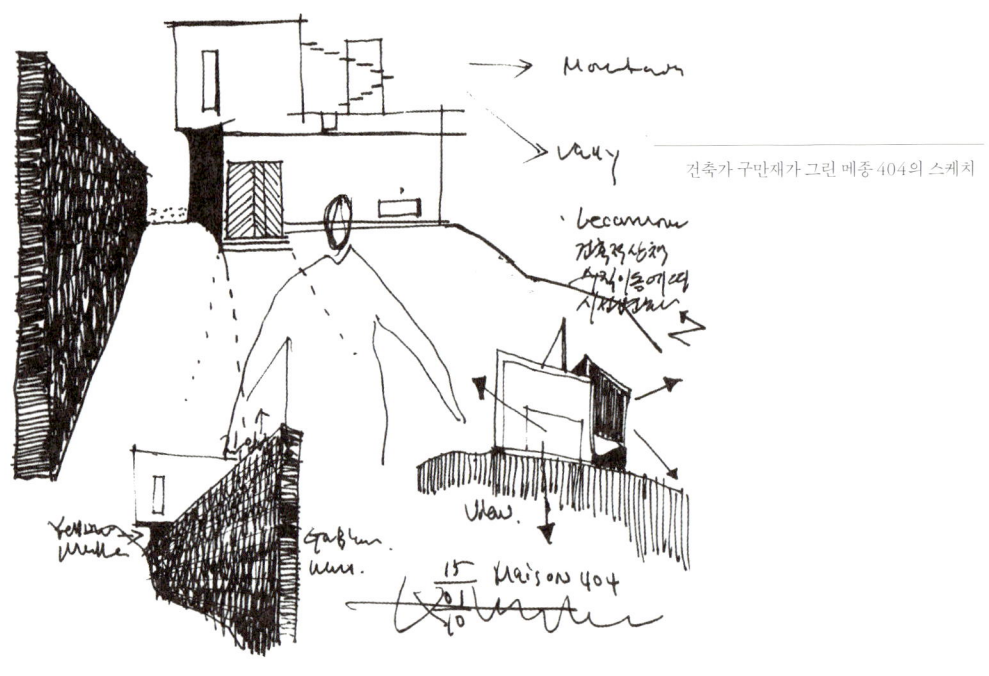

건축가 구만재가 그린 메종 404의 스케치

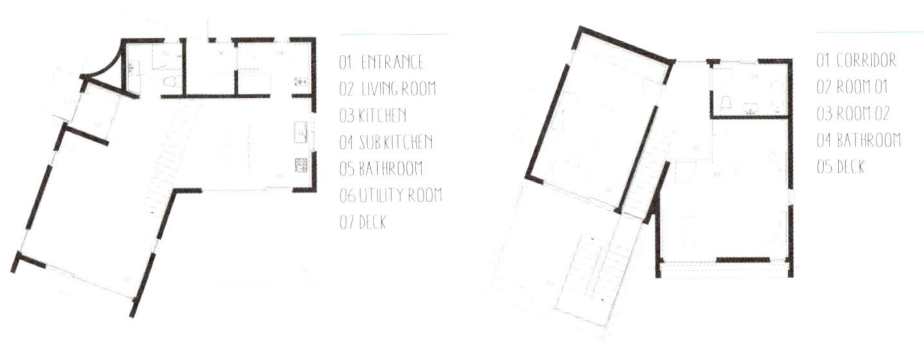

메종 404의 1층 평면도와 2층 평면도

01 ENTRANCE
02 LIVING ROOM
03 KITCHEN
04 SUB KITCHEN
05 BATHROOM
06 UTILITY ROOM
07 DECK

01 CORRIDOR
02 ROOM 01
03 ROOM 02
04 BATHROOM
05 DECK

평소에는 며칠씩 작업실에 틀어박혀 담배를 뻑뻑 피워대며 미간에 주름잡고 묵언수행을 하면서도 한번 입을 열면 두 시간 수다는 기본. 원체 사람의 행태에 관심이 많은 부류라 카테고리별로 1박 2일 이상의 이야기보따리가 그득하다. 건축주는 그냥 본인의 관심사만 들고 가면 된다.

우선 건축주가 원하는 바를 풀어 놓으면 건축가는 그것을 실현하기 위한 현명한 방법을 찾는다. 메종 404의 건축주는 시원한 통창으로 빛이 쏟아져 들어오는 갤러리와 같은 집, 1층과 2층이 ㄱ자로 교차하는 독특한 형태에 오색빛깔이 가득한 집으로 자신의 집을 만들고 싶어 했다. 건축가는 이런 꿈을 실현시키려 노력하면서도 주말주택이 어떤 모양새를 갖춰야 할지 합리적인 디자인을 고심했다. 특히 휴식을 위한

남쪽 입면도와 동쪽 입면도

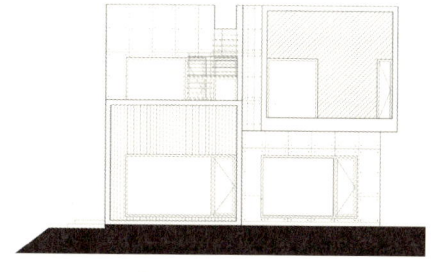 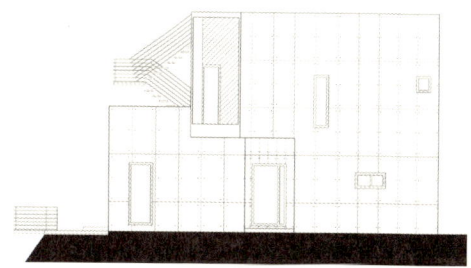

집이란 특성에 맞춰 건축주의 뜻보다는 좀 더 소박한 집을 구상했고, 유지 관리와 같은 현실적인 부분도 고려해 제안했다.

건축가는 건축비와 냉난방비를 절감하면서도 건축주가 꿈꾸는 독특한 디자인을 실현하기 위해 위아래의 층이 30도 정도 어긋난 형태로 틀을 잡았다. 전면은 노출콘크리트로 산 속의 바위가 선 것처럼 의도한 한편 하얀 도화지처럼 풍경을 담아낼 수 있도록 했다. 배면은 적삼목을 덧대어 마주한 산과 자연스럽게 어울리도록 계획했다.

심심한 벽을 채우는 알록달록 무지개 색

―――― 단순한 형태에 콘크리트로 지은 집인데, 곳곳에 색을 더하셨네요?

―――― 이렇게 포인트 컬러를 쓰면 자연과 대비가 되지만 한편 심심한 콘크리트 벽에 자연이 개입할 수 있는 여지를 주기 때문에 더 잘 어울린다고도 생각돼요.

집 앞에 서자마자 눈을 사로잡는 것은 대문에서부터 눈에 띄는 2층의 빨간 유리창과 1층 출입구 옆 벽면의 노란색. 들어가보면 더 많은 색깔들이 있다. 건축가는 주방의 연두색 선반, 거실의 보라색 커튼, 검은색 소파, 부부 침실의 주황색 침대 등 집 안 곳곳에 빨주노초파남보 과감한 색채를 사용했다.

색은 사람의 감정과 심리에 영향을 미친다. 예를 들어 주황색은 식욕을 돌게 하고 파란색은 반대로 식욕을 떨어트린다. 생각해보면 파란색

빨간 유리창과 노란 벽면의 개성이 느껴지는 메종 404의 외관

산과 계곡에 둘러싸여 있는 메종 404

음식이 없다. 파란 라면, 파란 떡볶이라니 생각만 해도 입맛이 뚝뚝 떨어진다. 그래서 색채 전문가들은 주방에 주황색의 사용을 조언하곤 한다. 최근 이와 같은 색채의 중요성은 점차 부각되고 있다.

하지만 모던한 느낌의 집들은 집이 주는 무게감과 차가운 느낌에 집을 어디서부터 어떻게 꾸며야 할지 곤란한 경우가 많다. 프랑스에서 디자인을 공부한 건축가 구만재는 프랑스 출신 건축가들의 주특기인 감각적인 원색 사용으로 차가운 노출콘크리트 덩어리를 따뜻하게 데운다. 이처럼 건축가의 색채계획은 다양한 색으로 집을 물들이고 싶어 했던 건축주의 마음을 적절히 반영하면서도 집 안 구석구석에 생기를 불어넣었다.

자연의 수만 가지 표정을 느끼는 방법

— 2층에 올라오니 희한하게 복도 끝이 딱 갈라져 있네요?

— 산을 바라보는 면은 다양한 각도로 건물이 틀어지게 설계했어요. 그래서 각 방에 들어가면 서로 다른 풍경을 바라보게 되죠.

갤러리 같은 집을 짓고 싶어 했던 건축주에게 건축가는 주말주택의 휴식을 강조하며 수더분한 집과 함께 자연을 선물했다. 양평 대부산 자락 아래 작은 전원마을. 마을 깊숙이 자리한 메종 404는 산과 계곡에 둘러싸여 있다. 그래서 건축가는 자연과 집이 관계하는 방법으로

메종 404의 거실과 주방의 모습

정원 너머로 펼쳐진 자연을 통창으로 집 안에 끌고 들어왔다. 각각의 방은 큰 창을 통해 각기 다른 풍경을 담는다. 1층 거실과 주방에서는 계곡과 소나무가, 2층 아이들 방과 부부 침실에서는 멀리 있는 숲이 보인다. 봄, 여름, 가을, 겨울의 변화를 각기 다른 표정으로 느낄 수 있는 것이다. 또한 이곳에서는 이렇게 풍경을 바라보는 것뿐만 아니라 계절의 변화를 체험할 수도 있다. 봄에는 정원에 꽃을 심고 산나물을 캐러 다니며, 가을이면 마른 가지를 모아 겨울 내내 거실 벽난로에 불을 피운다.

정원과 바로 연결되는 주방은 이 집에서 가장 핵심적인 공간이다. 맛있는 음식을 함께 나눠먹는 것은 휴가에서 빼놓을 수 없는 즐거움이기

외부 데크와 연결된 메종 404의 주방

때문이다. 캠핑의 별미는 꼬챙이에 끼운 소시지와 달콤한 마시멜로우, 해변가에서의 별미는 실컷 물놀이 한 뒤에 후루룩 먹는 컵라면, 그럼 주말주택에서는? 바비큐? 직접 산에서 뜯어온 산나물 무침? 아빠가 해주는 밥? 아마도 간만에 가족 모두가 모여 먹는 밥 그 자체가 아닐까. 주말주택은 주인 가족만 찾는 것이 아니라 때로는 손님을 초대해 식사를 대접하며 정을 쌓는 곳이기도 하다. 그렇기에 주방의 역할은 더욱 중요해진다. 이 집의 주방은 크진 않지만 외부 데크로 영역을 연장해 정원까지 즐길 수 있는 이 집의 구심점이다.

산 아래 계곡에서 거실 앞 데크로 오르는 계단

오르락내리락 걸음마다 느껴지는 집의 풍경

─── 안방과 연결된 테라스에 서니까 마치 전망대에 서 있는 것처럼 주변 풍경이 눈앞에 쫙 펼쳐지네요.

─── 네, 특히 이 지점에 이르려면 각기 다른 곳에서 계단을 올라야 하기 때문에 시선의 변화를 따라서 건축적 산책을 하게 되죠.

메종 404는 아담한 규모의 집이지만 끊임없이 움직이게 만드는 집이다. 산 아래 계곡에서 거실 앞 데크로 오르는 계단, 그리고 집 안으로 들어오면 1층에서 2층으로 오르는 계단, 그리고 2층 안방에서 테라스로 나가면 또 옥상으로 오르는 계단이 있다. 계단 3종 세트는 크지 않은 집에서도 엄청난 운동량을 만들어 낸다. 간편하게 하나로 이어지는 계단을 두고 편하게 오르락내리락하면 되지 않나? 왜 굳이 이렇게 불편하게 길게 늘어뜨려 놓은 걸까 하고 불평할 만도 하다. 하지만 이는 건축가가 이 가족에게 주는 선물이다.

집 안 구석에 계단을 만들어 위아래로 오갈 수 있는 길을 묶어두면 편리하긴 했을 것이다. 하지만 이 집이 자랑하는 주변의 아름다운 풍경을 훑어볼 수 있

1층에서 2층으로 오르는 계단

는 기회를 날려버렸을 것이다. 건축가는 이 집을 찾는 사람들이 오르내리는 순간에도 풍경을 감상하기를 바라는 마음에서 이렇게 복잡한 길을 만든 것이다.

프랑스의 근대 건축가 르코르뷔지에 Le Corbusier는 고정되어 있는 건물 안에서 사람들이 걷고 움직이며 공간을 경험하면 그 모든 과정을 영화처럼 인식하며 즐거움을 느낄 수 있다는 데서 '건축적 산책'이라는 개념을 이끌어냈다. 건축가 구만재는 이런 생각을 이 집에도 도입해 최대한 많은 경험과 장면을 연출하고자 했던 것이다.

차곡차곡 쌓여갈 가족의 추억

───── 주말주택을 마련한 뒤로 매주 이 집에 놀러오기만 손꼽아 기다리고 있죠. 음, 부부가 은퇴하고 나면 아예 내려와 살 수도 있지 않을까 싶어요.

건축주는 아이들이 마음껏 뛰어놀 수 있는 시골집, 자연과 벗하며 지내는 추억을 만들어주기 위해 이 집을 마련했다. 서울 집에서는 매일 학교와 학원 숙제에 치이며 지내는 아이들. 여가라고 해봐야 컴퓨터 게임을 하거나 TV 앞에 붙을 뿐이다. 이랬던 아이들이 이제 주말주택에 놀러갈 날을 기다리고, 냇가에서 개구리를 잡고, 산에서 멧돼지가 내려오면 같이 뛰놀곤 한다. 겨울이면 계곡에서 얼음 썰매를 타고, 가벼운 산책도 한다. 지금은 아이들과 함께 쉴 수 있는 주말주택이지만 언젠가는 두 부부의 전원주택으로 쓰게 될 것이다.

건축가 구만재는 200평의 땅 위에 거실, 주방, 아이방, 부부 침실이 전부인 50평 내외의 아담한 크기의 집을 지었다. 기능은 최소화하고 각 방이 각기 다양한 풍경을 담고, 최대한 자연과 많이 접할 수 있는 디자인으로 가족들이 이야기를 만들어가길 바랐다. 이 모든 것은 건축주와의 진솔한 관계와 대화로부터 비롯된 것이다. 메종 404의 가족들은 건축가의 바람처럼 가족의 사진들을 벽 한쪽에 하나둘씩 모아갈 것이다. 이 집 자체가 가족의 추억이 되고 역사가 될 것이다.

ARCHITECT NOTE

주방의 배치, 이것만은 꼼꼼하게 살펴보자

우리는 집, 학교, 회사를 옮겨 다니며 매시간 무언가를 바쁘게 하고 있다. 일상은 항상 시공간을 뛰어다닌 만큼의 부산물로 가득 찬다. 주중에는 이 모든 것을 어깨 위에 짐처럼 얹은 채 산다. 그렇기 때문에 주말만큼은 모든 것을 덜어내고 단순해져야 한다. 적당한 크기의 공간에서 먹고, 자고, 놀고. 본능에 충실한 시간을 보내며 복잡한 머리와 지친 몸을 대청소해줘야 하는 것이다.

꿀 같은 주말, 이틀 동안 해야 할 행동 강령 중 가장 중요한 것은 맛있는 음식을 푸짐하게 먹는 것. 가족이 만나서 이야기를 나누고 요리를 하고 와인잔을 기울이고 손님을 맞이하는 많은 시간은 주방을 두고서 이루어진다. 자연스레 주방이 주말주택의 중심 공간으로 자리 잡는 것이다.

그러나 작은 주말주택은 작은 주방을 가질 수밖에 없다. 이럴 땐 배치나 디자인을 통해 제한된 공간을 더 넓게 사용할 수 있다. 전원주택에서 거실은 2층에 자리할 때 바람을 잘 맞이하고 전망도 시원해지는 한편, 주방은 바로 대지와 접하는 공간이 되어야 한다. 메종 404 역시 1층에 위치한 주방은 실내에서 정원까지 영역을 확장할 수 있다. 특히 손님을 많이 초대한 날, 햇볕 따사로운 날, 뜰로 통하는 넉넉한 개구부는 물리적인 한계를 벗어날 수 있는 장치가 된다. 또한 2층의 볼륨을 이용한 캐노피 아래에 위치한 정원의 데크는 주방과 하나의 공간이라 봐도 무방하다.
또한 주방의 배치에는 향을 따져봐야만 한다. 이는 옛 선조들이 집을 지을 때도 지켜왔던 것으로, 한옥에서 주방을 둘 때는 가급적 서향을 피했다. 특히 여름 저녁이면 집 안 깊숙이 뜨거운 기운을 몰고 들어오는 서쪽 해는 음식을 쉬이 상하게 한다. 현대에는 냉장고 안에 음식을 보관하고 차양장치로 빛을 가릴 수 있다고 하나, 나는 메종 404에 조상의 지혜를 참고했다.

주말주택은 많은 행위가 일어나는 공간인 만큼 많은 도구가 존재하지만 늘상 필요한 것이 아니라면 마술램프의 지니처럼 사라져야 한다. 사라질 수 없다면 숨겨놓는 것도 방법이다. 가능하면 집을 최소화하되, 수납공간을 많이 만들어야 한다. 주말주택에서는 텃밭이나 정원을 가꾸기 위한 도구들도 많기 때문에 기본적으로 창고는 필수다. 주방도 마찬가지다. 단순하게 디자인된 수납장과, 작더라도 다용도 기능을 하는 공간을 마련하면 집 속에 사는 부담을 훨씬 줄일 수 있다. 그리고 야외에서 바비큐를 하기 위한 장비와 접이식 식탁과 의자를 넣어둘 수 있는 외부 창고를 미리 계획한다면 불필요한 동선을 줄이고 효율적인 공간 활용을 할 수 있다.

家
生活

NATURE
HUMOR
WORK
RELAXATION

최홍종
×
송정헌
松庭軒

건축가 최홍종은 명지대학교 건축과를 졸업하고, 홍익대학교 건축공학 석·박사 과정을 마쳤다. 중원건축을 거쳐 (주)건영 설계실에서 근무했으며, 1996년에 (주)건축동인 건축사사무소를 설립해 지금까지 운영 중이다. 또한 서울특별시 종로구 건축위원 및 전남 여수시 건축위원을 맡고 있다. 그는 새로운 세기의 동양건축문화권의 확장과 패러다임 구축에 관심을 가지고 있으며 최근에는 비가시적인 것의 건축화를 테마로 작업하고 있다.
주요 작품으로는 주복동 모여살기, 부농루, 대우 엠버스 카운티, 중국 단동 인민신도시 개발, 제주 빅토르 관광휴양 단지 등이 있다. 전시회 〈주복동 모여살기〉, 〈인사동 동덕아트갤러리〉를 갖기도 했다.

건축가 최홍종

HOUSE DATA

송정헌

LOCATION	충주시 주덕읍 당우리 390-8
PROGRAM	주거시설
SITE AREA	990.00㎡
DESIGN PERIOD	2006.11~2007.02
CONSTRUCTION PERIOD	2007.03~2007.07
EXTERIOR FINISHING	노출콘크리트, 현무암, 징크 / 지붕: 징크
INTERIOR FINISHING	석고보드 위 수성 페인트, 우드 플로어링

200년 종가의 전통을
멋들어지게 계승하다

건축가 최홍종이 생각하는 좋은 집이란 어떤 모습일까요?

집은 쉽고 편안해야 해요. 제아무리 유명한 스타 건축가라도 화려한 집을 지어주면서 '이렇게 살아야만 해'라고 강요하는 것은 옳지 않아요. 약간 투박하고 거칠더라도 집에 사는 사람을 배려해 사용하기 쉽도록 해야겠죠. 건축가가 욕심을 조금 내려놓으면 집은 결국 사용자에 의해서 자연스레 채워지게 마련입니다. 그러면 더 큰 의미가 보태진다고 생각해요.

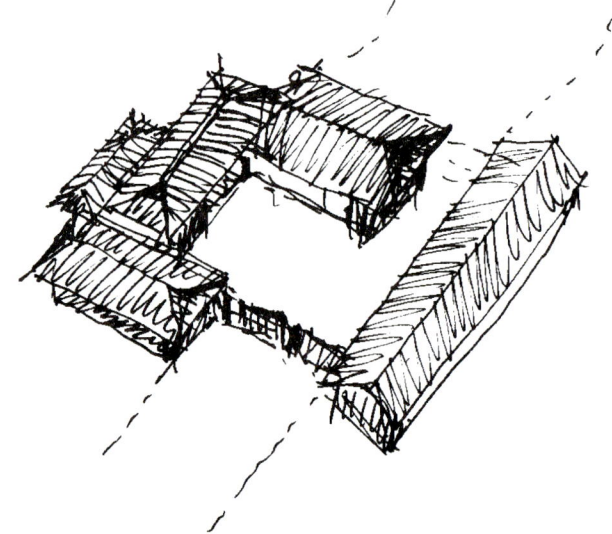

소나무 정원에서 이름을 따온 송정헌의 외관과 스케치

소나무의 향기를 담는 정원

——— 마당에 들어오니 소나무 향기도 느껴지고, 고즈넉한 맛이 있네요. 송정헌이란 이름과 정말 잘 어울립니다.

——— 충정과 절개를 뜻하는 소나무를 보며 조상을 기리고, 이런 뜻이 후손에게 이어졌으면 하는 마음에서 그런 이름을 짓게 되었지요.

저 멀리 대지를 가슴에 품듯 에두르며 솟아오른 기운찬 산세, 그 앞에 풍요롭게 펼쳐진 잔잔한 들녘, 그리고 이런 모든 풍경을 길 하나를 두고 마주한 낯선 주택 하나. 주소지는 충청북도 충주시 주덕읍 당우리, 예로부터 비옥하기로 이름난 평야지대 농경지다. 이곳에 고개를 갸우뚱하게 만드는 현대적인 주택이 발을 딛고 서 있다. 높지도 낮지도 않은 담 너머로 집을 가만히 들여다보니 집채만 한 소나무 몇 그루가 정원을 이루고 있다. 낮게 두른 기와 담장과 ㄱ자 모양의 집은 정원을 중심으로 ㅁ자를 그리고 서 있다. 건물에 사용된 먹색 징크와 현무암은 도시에서나 볼 수 있는 세련된 재료지만 그 무채색의 질감과 색감이 마치 보호색처럼 집을 농촌과 뒷산 풍경으로 슬며시 스며들게 만든다. 아닌 말로, 정말 희한하다. 노출콘크리트와 징크 패널에 맞서는 돌담과 기와의 기묘한 조화. 분명 이런 동네에 있을 집이 아닌데 또 어찌 보면 꼭 여기 있어야 할 것 같은 알쏭달쏭한 집, 바로 송정헌이다.

소나무 향기가 물씬 풍기는 송정헌은 하마터면 벽진재로 불릴 뻔했다.

건축가 최홍종이 그린 송정헌 스케치

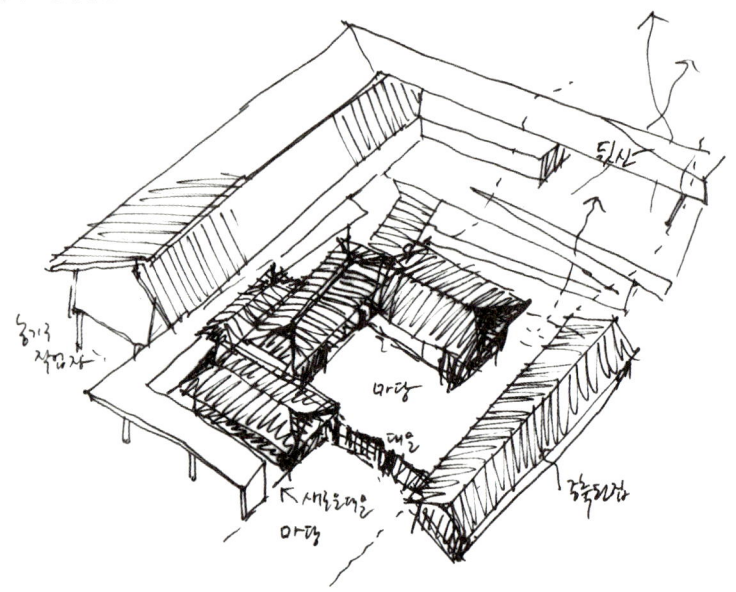

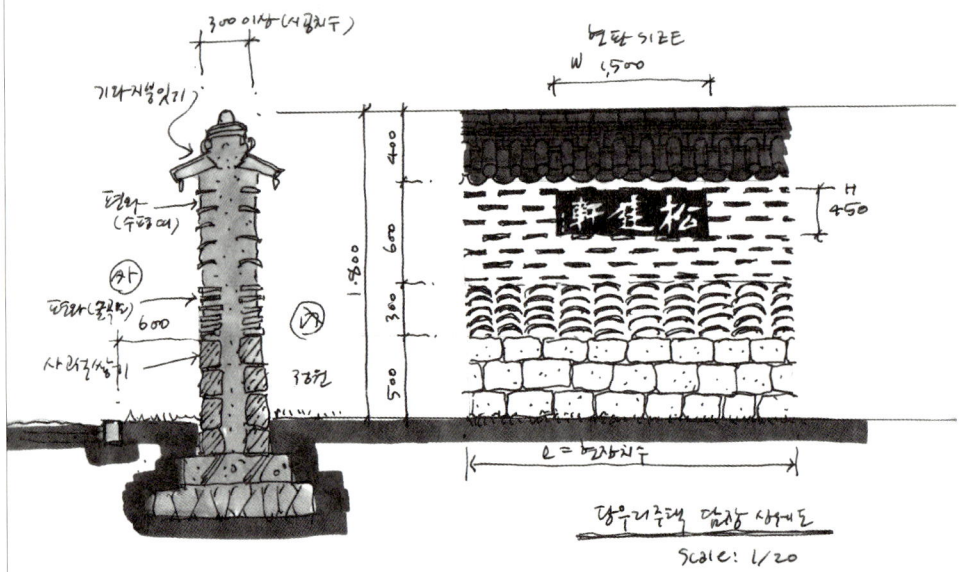

이 집이 바로 벽진 이씨의 종가이기 때문이다. 이 땅은 병인양요 때 이주했던 기간을 제외하면 선조에서 31세손까지 162년, 그리고 1957년 34세손이 재이주한 이후부터 지금까지 200년 넘는 시간 동안을 벽진 이씨가 살아온 터이다. 하지만 36세손인 건축주는 굳이 벽진 이씨의 집이라는 것을 강조하는 것이 부담스러워 옛 집터에 가꾼 소나무 정원에서 집의 이름을 따왔다.

벽진 이씨 층숙공계 승지공파, 다시 뿌리내리다

■──── 으레 종가라고 하면 으리으리한 수십 칸짜리 기와집이 떠오르는데, 세가 기대했던 전통 한옥이 아니라 현대적이고 웅장한 집이 버티고 있어 깜짝 놀랐어요.

■──── 현대의 종가가 어떤 모양새여야 하는가에 대한 저 나름대로의 해답이에요.

솟을대문 앞에 서서 "이리 오너라!"를 외치는 양반은 이제 없다. 아궁이 부뚜막에 불을 지피고 앉은 아낙도 없다. 우리가 상상하는 종가, 99칸 집은 이제 온데간데 없다. 안동 하회마을의 풍산 류씨 종가에나 놀러 가면 볼 수 있을까?

2000년대 우리나라는 부모와 자식 2대의 핵가족 가구 구성이 일반적인 유형이 되었고, 그보다 더 작은 단위인 1인 가구도 급증하고 있다. 통계청의 '2010~2035 장래가구추계'에 따르면 2035년에는 1인 가구

송정헌에 꼭 필요한 공간, 필로티

가 전체의 34.3퍼센트로 가장 큰 비율을 차지할 것이라고 한다. 가족의 전통적 개념이 해체되고 있는 것이다. 이런 상황은 종가라고 해도 크게 다르지 않다. 그럼에도 불구하고 건축가 최홍종은 현대 종가의 의미를 찾아야 했다. 많은 가족들이 모여 함께 사는 것은 아니지만, 이 땅에 서린 가족의 역사가 남아 있고, 또 1년에 10차례 이상의 제사와 명절을 지내려면 때마다 찾아오는 40여 명의 가족이 한데 모일 수 있어야 하기 때문이다.

하지만 의외로 건축주의 요구는 그런 복잡한 사회적 의미를 떠나서 지극히 간단명료했다. 1층을 마당에서 올려줬으면 했다(현대적인 주택에 대한, 필로티에 대한 로망이었다). 농사를 짓는 집이니 농기구 창고와 주차장도 필요로 했다. 또한 1년에 열 차례 이상의 제사 때 가족들이 편히 쉴 수 있는 넓은 공간이 있었으면 했고, 박공지붕으로 마무리해주길 원했다. 종가도 종가지만, 농업을 주업으로 삼는 건축주의 농사일에 도움이 되도록 마당의 효용성을 극대화해달라는 말이었다.

한 집안의 역사를 잇다

■──── 앗! 저것은 뭔가요? 집에 웬 전망대가 있네요.

■──── 엄밀하게 말하면 전망대가 아니라 2층 테라스가 길게 확장된 부분입니다. 하지만 정말 전망대처럼 주변의 들녘과 산세를 굽어볼 수 있는 좋은 자리죠. 사실 이 부분 때문에 집이 훨씬 더 커 보이는 느낌이 있어 건축주에게 혼났습니다. 하하!

보통 건축가는 오랜 시간 누적된 땅의 역사를 무시할 수 없다. 특히 이 프로젝트와 같이 가문의 역사를 간직한 곳이면서 50여 년을 지내온 집의 물리적 형태가 남아 있는 경우에는 더 그렇다. 하지만 이곳에 남아 있던 낡고 허름한 집에서 어떤 감흥을 느끼거나 의미를 추출하기란 쉽지 않은 일이었다. 건축가가 보존, 개축, 증축 등 다양한 안을 세워보았지만 결국 옛집은 너무 낡아서 철거를 할 수밖에 없었다.

대신 건축주의 아버지가 손수 지었던 옛집의 주춧돌과 대들보를 남겨 과거를 추억할 수 있는 매개체로 두기로 했다. 그런데 정말 단 하루, 공사 감리를 미룬 그날 주춧돌과 대들보가 흔적도 없이 사라졌다. 현장 담당자가 자리를 비운 사이에 건설폐기물로 한데 묶어 버려진 것이다. 그날 종일 건축주와 건축가는 건설폐기물 현장을 뒤졌지만 결국 주춧돌과 대들보는 찾을 수 없었다. 허망하지만 이미 지난 일. 건축가와 건축주는 그 자리에 새로운 역사를 세우기로 한다. 이 집의 이름이기도 한 소나무 정원은 이렇게 탄생하게 된 것이다.

그런데 이 정원에는 건물도 마당도 아닌 이상한 녀석이 하나 더 있다.

최홍종 ■ 송정헌

주변의 풍경과 송정헌의 자태를 느낄 수 있는 장소, 테라스

흡사 생물의 몸체에서 길게 빠져나온 촉수처럼 건물의 2층으로부터 전망대처럼 길게 뻗어 나온 테라스다. 전망대라고 하기엔 민망할 정도로 낮은 높이지만 이와는 무관하게 이 주변의 풍경과, 또 그 속에 위치한 송정헌의 자태를 가장 잘 느낄 수 있는 곳이다. 주변이 모두 평야다 보니 이렇게 살짝만 올라와도 주변을 모두 굽어볼 수 있다. 저 멀리 산을 두고 펼쳐진 황금빛 들녘의 물결과 지난 계절의 흔적을 아직은 머금고 있는 산세들. 높이 오르지 않았건만 풍경은 심상에 파고든다. 가족들은 이곳에서 고향의 풍경에 젖어들며 스멀스멀 피어오르는 옛 기억에 잠기곤 한다.

40명의 가족이 북적이는 큰 집

──── 이 집은 천장이 꽤 높고, 긴 공간이 시원하게 뻥 뚫려 있네요.

──── 종가에서 행사를 하면 한번에 40명이 넘는 식구들이 모여요. 게다가 행사가 좀 많은가요. 그래서 한데 모일 수 있는 공간, 큰 다락방을 만들었죠.

아직 농사를 짓는 이 집의 주인(건축주의 모친)의 삶을 반영해 마당은 소나무 정원과 필로티 아래 작물 가공을 위한 마당으로 나누었다. 한 층 들어 올려진 집 안으로 들어가면 실내 공간 구성은 아주 간단하다. 길고 넓고 높은 거실과 다락, 침실과 손님방이 전부다. 차례나 제례를 지내는 거실은 넓고 길게, 그리고 바로 위의 다락방은 옹기종기 모여

레벨차를 극복하는 램프는 연세 드신 종부를 위한 배려이기도 하다

뒷산과 전면 평야를 연결해주는 로지아 공간

잘 수 있도록 거실을 따라 넓고 긴 형태로 펼쳤다.

1년에 열 번이 넘는 제사와 명절 때 가족이 한번 모이면 어림잡아 40명, 이 많은 사람들에게 가족 단위로 방을 하나씩 주려고 설계를 하다 보니 방이 자꾸만 새끼를 친다. 그래서 결국 한 방에서 모든 걸 해결하기로 한다. 가족인데 뭐 어떠한가. 이런 날 한데 엉켜 밤새 이런저런 사는 얘기 나누다가 잠드는 게 또 명절의 행복 아니던가.

평소에 가족들이 생활하는 방은 ㄱ자로 꺾인 다른 면에 숨겨두었다. 그리고 거실 반대편 끝에는 부엌이 있는데, 거실에서 잘 드러나지 않도록 살짝 안으로 숨긴 알코브(alcove, 방 한쪽에 설치한 오목한(凹) 장소. 침대, 책상, 서가 등을 놓고 침실, 서재, 서고 등의 반독립적 소공간으로서 사용한다) 구조다. 부엌을 지나 테라스로 나가면 집 앞의 논이 광활하게 펼쳐진다. 이 테라스는 집 안의 경계를 만드는 역할을 하는데, 2층 높이로 솟아 있는지라 이 집의 규모를 뻥튀기한다. 으리으리한 종가의 모습을 만들어내는 데는 성공한 셈이다.

문화는 유전된다

— 이렇게 넓은 다락은 처음 봐요.

— 일반적으로 방은 사생활을 보호하는 공간인데, 가족이 행사 때 잠시 한꺼번에 모이는 경우에는 굳이 그런 구획이 필요하지 않죠. 그래서 여기에서 모든 행위가 일어날 수 있도록 자리를 마련한 것입니다.

1976년 영국의 생물학자인 리처드 도킨스는 생물학적 유전 단위인 유전자로는 설명되지 않는, 문화 모방의 유전 단위인 밈 개념을 발표했다. 이는 모방을 통해 전해지는 문화 요소라고 설명된다. 할머니가 키운 손자의 말투가 마치 다 큰 어른과 같이 구수할 때, 같이 사는 삼촌과 조카의 잠버릇이 닮았을 때, 우리는 이런 소소한 것에서부터 가족의 끈끈함을 느낀다. 과거 몇 대가 한집에 모여 살면서 하나의 가풍을 이루며 살던 때는 오죽했을까.

이 집에서는 간헐적이지만 대규모 집안 행사가 일어나곤 한다. 요즘에는 1년에 두 번 있는 대명절, 설날과 추석에도 얼굴 보기 힘든 것이 가족이다. 이런 시대에도 연간 열 번이 넘는 제례를 제때 챙겨가며 한 자리에 모든 가족을 모을 수 있는 집이 있다는 것은 선조들이 남겨준 선물인지도 모른다.

건축가 최홍종은 현대의 종가에 문화 유전의 의미를 담아, 한 가족임을 느낄 수 있는 효과적인 장치로 함께 살을 맞댈 수 있는 친밀한 대공간을 제시했다. 그것은 긴 거실과 다락이며, 함께 고향을 바라볼 수 있는 테라스, 그리고 거닐며 서로를 알아갈 수 있는 마당이다. 집은 그곳에 사는 사람에 의해 채워져야 한다고 강조하는 그는 송정헌에서도 건축주가 살아가면서 채워나갈 수 있는 집을 그려냈다.

ARCHITECT NOTE

농가와 현대 주택의 결합

많은 건축가들이 건축설계에 앞서 가장 고민하는 것은 그 땅이 가지고 있는 물리적·인문학적 환경에 대한 연구일 것이다. 이런 면에서 벽진 이씨의 종가를 짓는 일은 행운이었다. 원래 송정헌의 부지에는 건축주의 할아버지가 지은 집이 있었다. 비록 집은 낡았으나 부지 남측으로 광활하게 펼쳐진 평야, 집의 후정으로부터 뻗은 산세는 종가의 격에 어울린다는 느낌을 주었다. 나는 설계하는 내내 집의 흔적을 살려야겠다는 생각을 했고, 무엇보다 뒷산에서 내려오는 좋은 기운을 앞의 평야와 연결해야겠다는 생각을 했다. 또한 송정헌에는 집 앞의 평야에서 농사를 지으시는 건축주의 어머니가 기거할 예정이었다. 따라서 설계할 때 농촌 살림과 농사일에 필요한 프로그램을 고려해야 했다. 이 두 가지는 설계의 중요한 요소가 되었다.

집의 배치는 옛터를 해치지 않는 범위에서 ㄱ자로 배치했다. 뒷산의 기운을 막지 않는 장치로 지붕만 막은 구조체인 '로지아'가 나오게 되었다. 공사를 마무리하고 나서 비례와 공간의 깊이 등이 조금 아쉽긴 했지만 설계 의도에 따라 건축주가 그 공간을 잘 활용했기 때문에 보람을 느꼈다. 한층 위로 올려진 1층은 건축주가 농기구 창고와 작업장을 필요로 해 특별히 마련한 공간이었는데, 이곳은 동네 사람들의 잔치에 사용되는 등, 이웃과의 교감을 이루는 공간으로 활용되었다.

송정헌과 같이 땅과 가족의 역사가 숨 쉬는 농촌 주택이 있는 한편 새로운 시작을 위한 합리적인 선택지도 있다. 한국농어촌공사는 귀농·귀촌 증가와 농어촌 뉴타운 조성으로 인한 전원주택 혹은 농촌주택의 수요에 대응하기 위해 농어촌 표준주택설계도면을 무료로 열람할 수 있게 하고 있다. 한국농어촌공사 웰촌 홈페이지에는 1995년부터 2012년도까지 제작된 총 79개의 도면이 공유되어 있어 귀농에 앞서 집짓기를 고민하는 사람들에게 어떤 기능과 공간들이 필요한지 정보를 제공한다. 그러나 집에는 어떤 삶을 그리고 있는가가 투영되기 마련이다. 건축가와 건축주 그리고 시공자 모두가 새로운 삶의 터전을 만들기 위해 서로 머리를 맞대고 협력할 때 좋은 집, 맞춤집이 완성된다. 이런 면에서 송정헌은 설계 단계부터 사용되는 지금까지 나에게 많은 고마움을 주는 작품이다.

家

生活

NATURE
NEIGHBOR
WORK
RELAXATION

민규암

×

생각 속의 집
HOUSE OF MIND

건축가 민규암

건축가 민규암은 서울대학교 건축학과와 미국 MIT 건축대학원을 졸업하고, 6년간 일건건축사무소에서 근무했으며 1998년부터 토마건축사사무소를 설립하여 운영 중이다. 그는 고정된 틀에 묶여 있지 않은 유연한 사고를 자랑한다. 그의 건축물에는 한국의 전통가옥 뿐 아니라 동남아시아나 이슬람의 건축양식이 조금씩 섞여 있다. 그가 생각하는 건축물은 모든 문화와 그 본질을 담아내는 것이다. 또한 감성, 환경, 기능, 질감 등의 요소들이 복합적으로 함축된 공간이 좋은 건축물이라 생각한다.
주요 작품으로는 한호재와 첨성재, SS하우스, 펜션 생각 속의 집 등이 있다. 1998년 한호재로 건축문화대상, 건축가협회상, 올해의 동아시아 건축가협회 주택부문 특별상을 수상했다. 저서로 《생각 속의 집》이 있다.

HOUSE DATA
생각 속의 집

LOCATION	경기도 양평군 단월면 부안리 32번지
PROGRAM	전원주택
SITE AREA	883.00㎡
DESIGN PERIOD	2003.03~2003.09
CONSTRUCTION PERIOD	2003.05~2004.03
EXTERIOR FINISHING	콘크리트 블록 치장 쌓기
INTERIOR FINISHING	우드 플로어링, 석고보드 위 벽지, 석고보드 위 페인트

생각 밖 현실로 뛰쳐나온
'생각 속의 집'

오늘날의 건축이 꼭 담아야 할 중요한 가치는 무엇일까요?

저는 우리가 꼭 지켜야 할 것 중 하나가 바로 과거의 유산이라고 생각해요. 만약 과거의 유산과 역사의식이 없다면 모든 것에 대한 해석 혹은 창작은 그 근거와 기준을 잃고 말 것입니다. 건축가 또한 지금까지 쌓인 켜와 전통을 고려하며 가장 적합한 것을 선택할 줄 알아야 하죠.

독특한 외관을 자랑하는 생각 속의 집

펜션, 생각의 틀을 깨다

■────── 이 집은 굉장히 웅장하고 특이해서 보통 펜션 같지가 않네요.

■────── 그렇죠? 여섯 채의 펜션과 한 채의 주인 집, 그리고 레스토랑과 세미나실로 이뤄진 하나의 작은 마을과 같은 분위기죠.

금강산도 식후경이라는 말을 누가 처음으로 썼는지 참 그럴싸하다. 우리의 아름다운 금수강산에는 허기도 멎게 하는 절경이 참으로 많다. 관동팔경부터 단양팔경까지 자연이 그 본연의 아름다움을 드러낸 곳에서는 어김없이 감탄해 마지않는 선비들의 시구가 넘쳐흘렀다. 그러니 누군들 이 물 좋고 산 좋은 곳에 머물기를 마다하겠는가. 이는 예나 지금이나 마찬가지다. 다만 예전에는 누와 정자가 그 그윽한 관조의 시선을 부추겼다면 이제는 호젓한 펜션이 사람들을 불러 모은다. 평범한 소시민에게는 별장과 주말주택은 한낱 꿈에 불과하기에, 펜션은 각박한 도시를 떠나 우리에게 삶의 여유를 일깨우고 자연을 접하게 하는 하룻밤의 '홈 스위트 홈'으로 다가온다. 이런 펜션은 보통 목조주택에 박공지붕을 씌운 새하얀 집들이 대부분이다. 아무리 언덕 위의 하얀 집을 꿈꾸는 우리라지만 참 천편일률적이고 이 땅의 자연과도 쉽사리 어울리지 않는다.

양평호수 인근도 크게 다르지 않다. 굽이굽이 이어지는 산길을 따라 오밀조밀한 집과 펜션들이 들어서 마을을 이루고 있다. 그런데 그 속에서 유난히 웅장하면서도 차분한 펜션 단지가 눈에 들어온다. 양평군

생각 속의 집 투시도

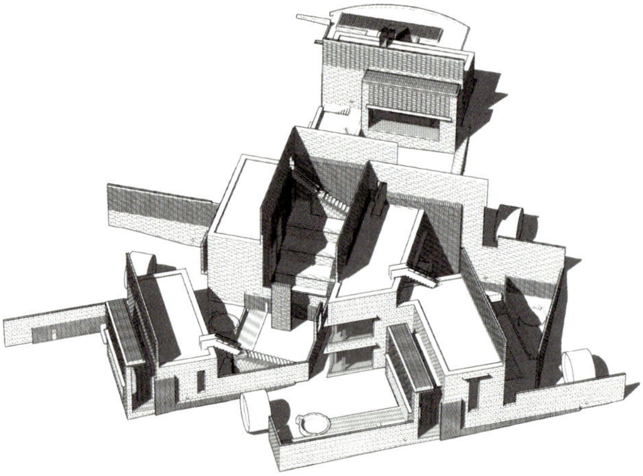

동측 입면도

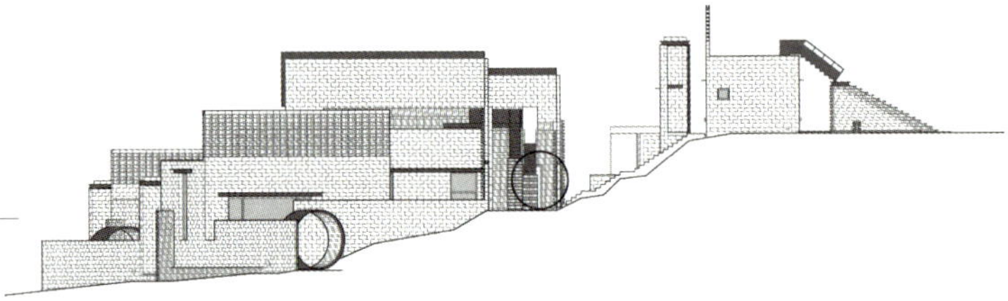

남측 입면도

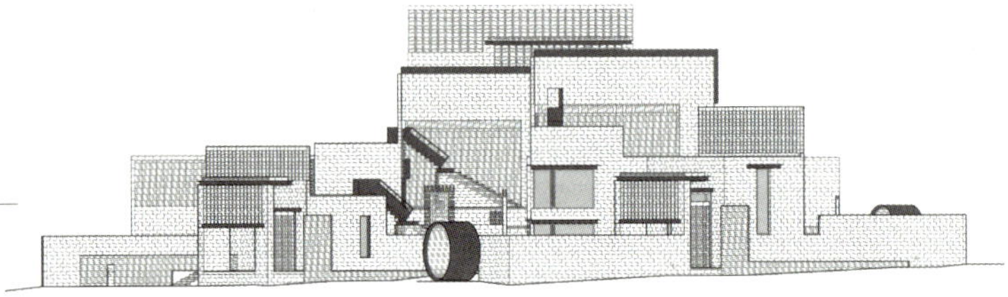

서측 입면도

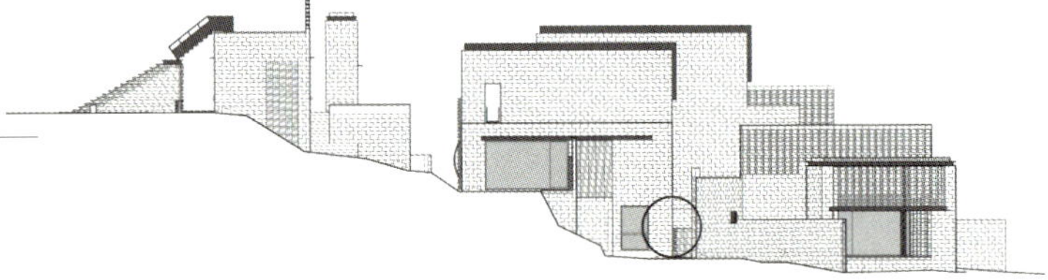

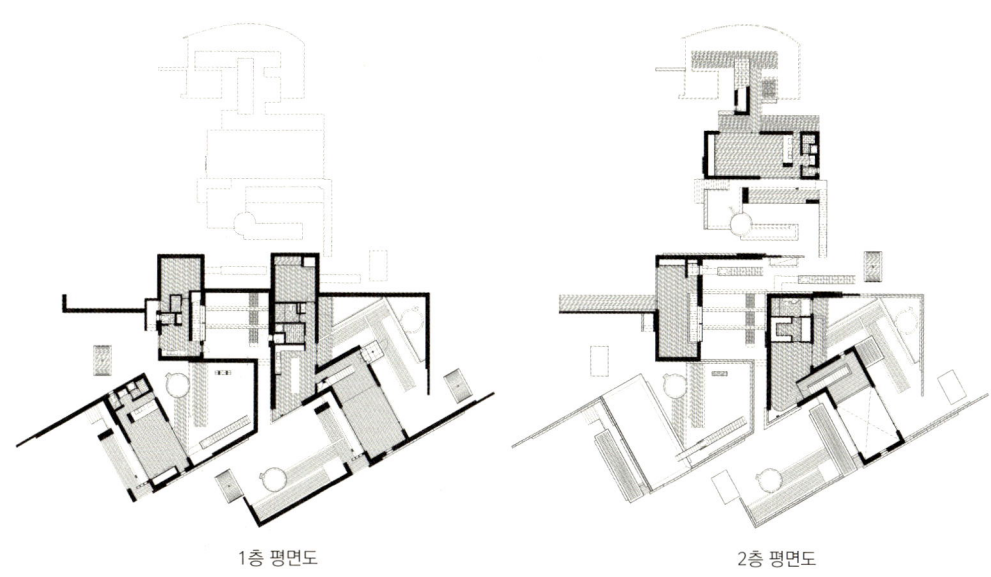

1층 평면도   2층 평면도

부안리의 평범한 집들 사이로 나타난 이 집이 바로 펜션의 고정관념을 깬 '생각 속의 집'이다.

그런데 도대체 어떤 면에서 펜션의 틀을 깼다는 것일까? 일반적으로 좋은 펜션이라 함은 넓은 정원과 수영장은 기본이요, 소비와 이벤트의 중심에 위치한 여심을 사로잡기 위해 아기자기한 장식과 하트들로 로맨틱한 분위기를 갖추거나 자연 속 입지를 강조하기 위해 거친 통나무로 지은 집들을 말한다. 하지만 생각 속의 집은 이미 생김새와 재료부터 기존의 것들과는 확실한 차별화를 선언하고 있다.

산비탈을 미끄러져 내려오는 집은 마치 오래된 성채처럼 펼쳐져 있지만 배산의 형국과 차분하게 어우러져 있다. 게다가 벽돌도 나무도 아닌 콘

기하학적인 아름다움이 담긴 생각 속의 집의 외관

크리트블록으로 지은 건물은 단아한 조형과 공간을 창출하며 우리를 생각 저 깊은 곳까지 이끌어간다. 두 단지 속에는 여섯 채의 펜션과 한 채의 주인집, 그리고 레스토랑, 세미나실이 모여 작은 마을을 이루고 있다.

집 짓는 사람들의 집 짓는 방법

━━━━━ 생각 속의 집은 건축에 대한 이해가 남달랐던 건축주와 그가 선택한 건축가의 만남이 있었기에 탄생할 수 있었죠.

건설사에서 평생을 근무했던 건축주는 은퇴 후에 여느 중년 부부처럼 단출한 전원주택을 하나 지어 정원이나 가꾸고, 밭일을 하면서 자연과 더불어 노년을 보낼 생각이었다. 하지만 아내가 영 내키지 않아 했다. 아무리 각박한 도시의 삶이라 하더라도 하루아침에 모든 걸 다 내려놓는다면 생활이 너무 단조롭게 느껴져 심심하지 않을까 걱정하는 듯했다. 뭐, 듣고 보니 틀린 말은 아니다. 그리하여 생각을 고쳐 그들은 슬그머니 펜션 사업을 준비하기 시작했다. 그들은 몇 년간의 조사와 펜션 사업 연구 끝에 건축가 민규암에게 연락을 했다.

하지만 당시 펜션 사업은 이미 포화상태라 더 이상의 단맛을 기대하기 힘든 사업 분야였다. 어느 건축가가 참여한다 해도 사업의 성공을 가늠할 수 없었다. 관광지 주변으로 접근성이 좋고 터가 잘 정비된 곳에는 이미 각양각색의 펜션들이 자리 잡고 있었다. 그럼에도 건축주는 그의 사업에 대중적 성공을 확신했고, 건축가는 그 확신에 보증이라도 서듯 최고의 설계로 화답했다. 일반 주택이었다면 넘어갈 수 있는 부분도 건축주의 수익률을 한 번 더 생각해 꼼꼼하게 따져가면서 말이다. 이런 건축주와 건축가의 착착 맞아떨어지는 호흡이 없었더라면 낙타가 바늘구멍을 뚫고 지나가는 것보다 더 어려운 사업의 성공은 김칫국으로 이미 말아먹고 말았을 것이다.

사실 건축주와 건축가는 이전부터 인연을 맺고 있었다. 건설업계에 종사했던 건축주는 좋은 건축이 빚어낼 수 있는 창조적 부가가치를 이미 깨닫고 꾸준히 건축잡지를 탐독하며 한국의 건축가들을 살펴오고 있었다. 그러다 1998년 준공된 민규암의 한호재를 잡지에서 보고는 무턱대고 그를 만나러 갔다. 그러고는 바로 설계를 의뢰할 것도 아니면서 자신의 땅에 건축가를 데려가 이런저런 이야기를 나누는 적극성까지 발휘했다. 언젠가 집을 짓는다면 이 사람에게 꼭 맡기겠다는 생각과 의지에서 비롯된 것이었다.

콘크리트의 화려한 귀환, 민규암식 콘크리트블록

▬▬▬ 세월이 좀 지나서 그런지 콘크리트블록 위에 세월의 흔적이 남아서 차갑지만은 않은 것 같아요.

▬▬▬ 블록이라는 재료 자체가 시간이 지나면 자연스럽게 자연과 융화되는 맛이 있는, 고풍스러운 느낌이 나는 재료라고 볼 수 있죠.

콘크리트블록은 새마을운동이 한창이던 1970년대에 빠르고 간편하게 지을 수 있는 재료로 각광을 받다가 타고난 꼬질꼬질함과 싸구려 티를 벗지 못해 이후 외장재로서는 자취를 감췄다. 건축가 민규암은 이런 콘크리트블록을 한호재 이후 생각 속의 집까지 집요하게 사용해왔다. 그는 콘크리트블록을 빨리 쌓고 간단하게 짓는 기능성에 집착하지 않고, 그것의 건축적·조형적 가능성을 계속 실험해왔다. 하나만 따로 보면 거무튀튀한 것이 싸구려 재료인 것 같지만 그의 손에만 가면 콘크리트블록은 세련되고 현대적인 재료로 탈바꿈한다. 재료의 구축성과 조형성을 완벽하게 이해한 민규암으로 인해 콘크리트블록은 현대적인 조적조 재료로 다시 화려하게 부활했다.

조적조라고 하면 우리는 흔히 붉은 벽돌을 떠올린다. 과거 1960~1980년대 널리 사용된 벽돌은 철근콘크리트에 밀려 뒤편으로 사라졌다. 건축현장에서도 재료비로 따지면 저렴한 편이지만 폭등하는 조적공의 인건비를 감당하지 못해 손으로 한 장 한 장 일일이 쌓아야 하는 벽돌

콘크리트블록으로 쌓아올려 만든 블록 벽

은 점차 멀어지게 되었다. 그러다 보니 이제는 시공 과정에서 까다롭고 전문적인 기술을 요하는 조적공사에는 제대로 된 기술자를 찾아보기 어렵게 되었다. 하지만 생각 속의 집은 건축주가 직접 인맥을 동원해 직영으로 공사를 하고, 완성도 높은 설계를 통해 시공에도 만전을 기했다. 그러다보니 재료 자체의 단가보다는 장비 임대와 시공 단가가 많은 비중을 차지한 공사였다.

사실 생각 속의 집의 구조는 철근콘크리트다. 콘크리트블록은 외장 마감재로 사용된 것이다. 일반적인 모양의 구조용 블록과 외장형 U형 블록 등을 재치 있게 변화를 주며 쌓아올려가면서 가로세로 방향의 강렬한 줄무늬를 만들어냈다. 외부에서 드러나는 기하학적인 아름다움은 이 집의 정체성을 규정하는 요소다. 깊게 들어간 블록의 볼륨을 통해 우리는 또 다른 공간의 깊이와 음영으로 인한 다양한 입면의 표정을 발견하게 된다.

블록으로 세운 벽은 패턴의 아름다움뿐만 아니라 기능적인 역할도 하고 있다. 그리고 이는 본체보다는 가벽에서 그 위력을 발휘한다. 우선 펜션에서 중요시되는 사생활 보호를 위한 가림막이 된다. 생각 속의 집은 각 독채에 월풀 욕조를 곳곳에 두어 자연과 맞닿는 곳에서의 휴식을 강조하고 있다. 즉 밖에서도 훤히 들여다보일 수 있는 의외의 자리에 욕조를 떡하니 배치한 구조이기 때문에 가벽이 없다면 민망한 상황들이 연출된다. 또한 블록 벽은 정원과 집을 감싸주는 켜가 된다. 겹겹이 각 집에 머무르는 사람들이 자연을 한껏 즐기면서도 서로의 영역을 침범하지 않도록 자연스럽게 나눠주는 블록 벽은 다양한 공간의 변주를 일으키며 늘어서 있다.

바쁜 일상과 지구의 중력에 단단히 묶여 있던 몸과 정신을 한 평의 물속에 풀어놓으면 흐느적거리는 움직임 사이로 어느새 여유가 찾아 들어온다. 단단하게 굳은 몸과 정신이 생각 속의 집에서만큼은 따스한 햇살과 자연의 향기로 한없이 느슨해진다.

비탈을 만들어준 집의 경계

――― 두 개의 단지 모두 경사면에 지어졌는데 어려움은 없었나요?

――― 오히려 경치와 어우러지는 재미있는 결과를 얻게 됐죠. 1단지는 지형에 따라 배치했고, 2단지는 야외 데크를 층층이 놓아 객실을 두었습니다.

비탈을 따라 어슷하게 배치된 생각 속의 집. 1단지는 건축주의 집을 중심으로 왼편에 세 채의 객실이 나란히 경사를 따라 위치해 있다. 각각의 진입 동선을 두고 있으며 시야를 달리한다. 2단지는 세미나실과 레스토랑 같은 공용공간을 두고 위로 경사를 타고 올라가는 데크를 따라 집 세 동이 이어진 배치다.

각 집이 따로 떨어진 것도 아니고, 다닥다닥 붙은 채로 독립된 영역을 만들어내는 것이 쉬운 일은 아니다. 그렇기에 건축가는 1단지를 설계하면서 오히려 경사지가 자연스레 나눠준 집의 위치와 가벽을 활용해

공간을 나누고 또 계단으로 이어
준 것이다.
한편 2단지에서는 1단지를 운
영하면서 건축주가 필요로 하
게 된 부속시설들을 1단지와
함께 공유할 수 있도록 가장 가
까운 자리에 두고 그 뒤편에 세 개
의 방을 추가로 지었다. 여기에서는 가
벽 여섯 개가 출입구를 상징하는 구조물이 된다.

경사를 따라 만들어진 계단

독특한 건축설계가 가능하게 한 제2의 인생

이 집은 건축설계로 엄청난 부가가치를 생산할 수 있다는 자신감을 준 프로젝트였어요. 건축주는 이 집의 성공을 계기로 펜션 프랜차이즈를 준비하고 있어요.

양평 생각 속의 집은 소위 '슈퍼 울트라 메가톤급 초대박' 펜션이다. 펜션 사업에 새로운 지평을 연 창시자급 사례다. 평균 96퍼센트의 예약률, 연매출 8억 원이라니 더 이상 무슨 말이 필요하겠는가. 이 펜션 하나로 인해 주변 지가도 더불어 상승했다. 이런 흥행 비결의 중심에 바로 이곳의 독특한 건축이 자리 잡고 있다는 것은 누구도 부인할 수 없는 사실이다. 건축주는 자신이 눈여겨보았던 건축가를 기용하고, 시

매끈한 건물 사이에 자리잡은 연못

장의 요구를 치밀하게 연구했으며, 언론매체 등에 활발하게 홍보한 노력 끝에 수많은 펜션들의 틈바구니 속에서도 살아남았다. 그리고 이것이 벤치마킹이 되어 이후 펜션 설계를 위해 건축가들을 찾아오는 사례가 부쩍 늘어나고 있다. 이미 최근에 충남 태안의 '모켄펜션', 강원도 정선의 '락있수다', 거제도의 '머그학동' 등이 건축물 그 자체만으로도 이슈가 된 바 있다.

해외여행이 워낙 자유로운 요즘, 여행자들의 발길을 국내로 돌리기 위해선 다양한 전략이 필요할 것이다. 그중에서 생각 속의 집은 자연친화적이고 독특한 디자인으로 사람들의 마음을 사로잡은 경우다. 국내에서 아직은 우수한 건축설계의 창조적 가치가 인정받지 못하는 상황이지만 생각 속의 집을 통해 건축의 무한한 문화적·경제적 파급력을 다시 한 번 곰곰이 생각해봐야 할 것이다.

ARCHITECT NOTE

**저렴한 재료로
최대의 효과를!**

조적조는 단위 재료를 하나씩 쌓아서 구조를 만드는 방법으로, 가장 오래된 건축 양식 중 하나다. 역사상 최초의 건축가이자 고대 이집트의 재상인 임호테프는 기원전 2611년경 제3왕조 파라오 조세르의 계단 피라미드를 완성했다. 이는 직접 석재를 깎고 운반해 쌓아 지은 것으로, 온전한 상태로 보존된 가장 오래된 건축물이다. 우리나라에서는 삼국시대부터 벽돌을 사용했으나 통일신라시대 때가 되어서야 널리 쓰이는 재료가 되었다.

현대에 살고 있는 우리에게 가장 와닿는 벽돌의 이미지는 아마도 1960~1970년대 주택가의 붉은 벽돌집일 것이다. 벽돌의 긴 면이 겉으로 보이게 반씩 겹쳐 쌓는 길이쌓기 방식, 짧은 면이 보이게 쌓는 마구리쌓기 방식이 기본이다. 또한 국가마다 벽돌을 쌓아 패턴을 만드는 고유한 양식이 있는데 영국식, 미국식, 프랑스식이 널리 알려져 있다. 이 외에도 철근 콘크리트 벽의 외장재로 벽돌이 사용되는 경우에는 기하학적인 패턴을 만들거나 올록볼록한 입체감을 주며 다양하게 쌓기도 한다.

1980년대에 들어서면서 아파트가 보편적인 주택이 되자 건축 디자인의 자율성이나 시공성, 기능성이 상대적으로 낮은 조적조는 한동안 외면당했다. 콘크리트블록도 마찬가지였다. 미관상 좋지 않다는 인식이 강해 임시 건물이나 담장, 빨리 지어야 할 구조물 등에만 사용되었다.
그러다가 최근 벽돌과 콘크리트블록이 다시 돌아왔다. 새롭게 주문제작 된 콘크리트 블록이 건축물의 조형성에 빛을 더하는 요소로 재해석되면서 단순히 빨리 짓고 보자는 의도로 사용되기보다는 건축물에 고유한 가치를 더하는 재료로 건축가들 사이에 사용되기 시작한 것이다. 젊은 건축가들이 과거와는 다른 방식으로 쌓는 방식을 고민하고 실험하자 건축물의 표정은 더욱 다양해졌다.
콘크리트 블록과 벽돌 자체는 고급재료는 아니다. 시멘트 벽돌은 장당 70원, 붉은 벽돌은 장당 250원이다. 그러나 집을 짓기 위해선 벽돌 수천 장을 구입해야 하고, 거기에 인건비를 포함하면 다른 재료와 비슷한 비용을 지불해야 한다. 또한 사람이 한 장씩 쌓아올린 정성과 다양한 변주의 가능성은 이 재료의 가치를 높인다. 한때는 싸구려, 흔한 재료로 치부되었던 벽돌이 요즘 젊은 건축가들의 실험을 통해 화려하게 변신하길 기대해본다.

리빙 트렌드를 선도하는 대한민국 프리미엄 디자인 & 리빙 채널 홈스토리는 채널의 슬로건 "Live Fabulous"처럼 일상을 더 멋지게 디자인하는 방법을 끊임없이 고민하며 시청자와 라이프스타일 산업을 연결하고 실용적이고 아름다운 삶을 대중적으로 알리는 역할을 하고 있습니다.

홈스토리는 〈하우징 스토리〉, 〈스페이스 프로젝트〉, 〈놀랍지 아니한가〉, 〈디자인 매거진 룸〉 〈그림있는 집〉 등 국내 유일의 디자인, 건축, 인테리어 전문 콘텐츠를 제작하여 더 신선한 정보와 아이디어를 대중들에게 전달하고 우리의 삶을 디자인하는 방법을 제안합니다.

디자인, 건축, 인테리어에 대한 열정과 상상력이 넘치는 전문 방송 홈스토리는 우리의 '공간' 그리고 그곳에 사는 '사람들'에 대해 생각하며, 여러분과 함께 보다 행복한 삶의 모습을 추구하기 위해 노력할 것입니다.

• — DaeCheong(Indeterminable Space)

Layer 1 Layer 2 Layer 3 Layer 4 Layer 5 Layer 6 Layer 7 Layer 8

VISUAL PENETRATION

SEMI TRANSPARENCY
WOOD

TRANSPARENCY +
SEMI TRANSPARENCY

TRANSPARENCY

OPACITY
WOOD

CONCRETE
WOOD

CONCRETE
SEMI TRANSPARENCY

TRANSPARENCY

Void   Glass   Concret   Wood   Stone

01 Entrance
02 Living Room
03 Kitchen
04 Sub Kitchen
05 Bathroom
06 Utility Room
07 Deck

• DaeCheong(Indeterminable Space)

VISUAL PENETRATION

Layer 1 — SEMITRANSPARENCY / WOOD
Layer 2 — TRANSPARENCY + SEMITRANSPARENCY
Layer 3 — TRANSPARENCY
Layer 4 — OPACITY / WOOD
Layer 5 — CONCRETE / WOOD
Layer 6 — CONCRETE
Layer 7 — CONCRETE / SEMITRANSPARENCY
Layer 8 — TRANSPARENCY

Void   Glass   Concret   Wood   Stone

01| Entrance
02| Living Room
03| Kitchen
04| Sub Kitchen
05| Bathroom
06| Utility Room
07| Deck